KB006054

용기를 내어 당신이 생각하는 대로 살아야 합니다.
그렇지 않으면 머지않아 당신은 사는 대로 생각하게 될 것입니다.
– 폴 부르제(프랑스의 시인, 철학자)

Il faut vivre comme on pense,
sans quoi l'on finira par penser comme on a vécu.
– Paul Bourget

터닝포인트는 삶에 긍정적 변화를 일으키는 좋은 책을 만들기 위해 최선을 다합니다.

유럽식 홈메이드
천연발효빵

How to make bread
Copyright ⓒ2011 by Emmanuel Hadjiandreou
All right reserved.
Original English edition published in 2011 by Ryland Peters & Small Limited, UK.
Korean translation rights arranged with Ryland Peters & Small Limited, UK and Turningpoint,
Korea through PLS Agency, Seoul.
Korean translation edition ⓒ2013 by Turningpoint, Korea.

이 책의 한국어판 저작권은 PLS를 통한 저작권자와의 독점 계약으로 터닝포인트에 있습니다.
신저작권법에 의하여 한국어판의 저작권 보호를 받는 서적이므로 무단 전재와 복제를 금합니다.

유럽식 홈메이드
천연발효빵

2013년 12월 20일 초판 1쇄 발행
2017년 5월 25일 초판 4쇄 발행

지은이	엠마뉴엘 하지앤드류
옮긴이	김지연
감수	임태언
펴낸이	정상석
펴낸 곳	터닝포인트
기획·편집	신이수
편집디자인	앤미디어
표지디자인	이지선
등록번호	2005. 2. 17 제6-738호
주소	(03991)서울시 마포구 동교로27길 53 지남빌딩 308호
대표전화	(02)332-7646
팩스	(02)3142-7646
홈페이지	www.diytp.com
ISBN	978-89-94158-48-8 13590
정가	15,000원

Design, Photographic Art Direction and Prop Styling Steve Painter
Senior Editor Céline Hughes
Production Controller Toby Marshall
Art Director Leslie Harrington
Publishing Director Alison Starling
US Recipe Tester Susan Stuck

참고사항
· 스푼 계량할 때 별도의 설명이 없는 한 정량을 지킨다.
· 오븐은 각 레시피에 기재된 온도에 맞게 항상 예열시킨다. 단, 이 온도는 열풍식
컨벡션 오븐 사용 기준이기 때문에 일반 오븐 사용자는 제조사에 적절한 온도를
문의 바란다.
· 모든 달걀은 별도의 설명이 없는 한 중란을 사용한다. 레시피에 나오는 생란, 반숙
은 면역력이 약한 어린이, 노인, 임산부의 섭취를 제한한다.

내용 문의 diamat@naver.com
터닝포인트는 삶에 긍정적 변화를 가져오는 좋은 원고를 환영합니다.

유럽식 홈메이드
천연발효빵

건강 발효빵, 사워도우, 소다빵, 페이스트리까지 단계별 레시피

차례
C O N T E T N S

머리말   6

The Basic of Other Bread making (제빵의 기초)

밀가루와 소금   8
이스트와 물   10
사워종   11
제빵 도구   13
참고사항   14

Basics & Other Yeasted Breads (건강 발효빵)

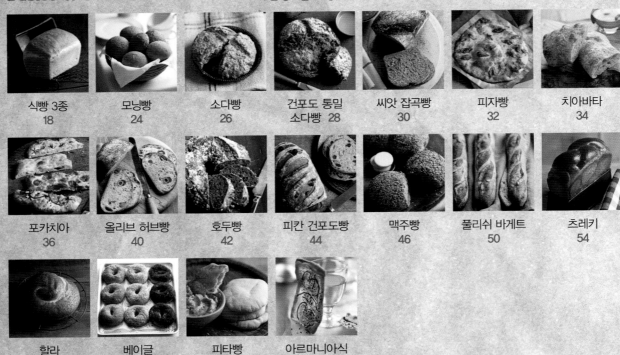

식빵 3종 18 · 모닝빵 24 · 소다빵 26 · 건포도 통밀 소다빵 28 · 씨앗 잡곡빵 30 · 피자빵 32 · 치아바타 34

포카치아 36 · 올리브 허브빵 40 · 호두빵 42 · 피칸 건포도빵 44 · 맥주빵 46 · 풀리쉬 바게트 50 · 츠레키 54

할라 58 · 베이글 60 · 피타빵 62 · 아르마니아식 납작빵 64

Wheat-free or Gluten-free Breads (밀 free 빵과 글루텐 free 빵)

검은 호밀빵 70 · 건자두 후추 호밀빵 72 · 건포도 호밀빵 74 · 통호밀빵 76 · 카뮤 스펠트 빵 78 · 글루텐 free 빵 (두 가지 응용법) 80 · 글루텐 free 옥수수빵 82

Sourdoughs (사워도우)

화이트 사워도우
86

통밀 사워도우
92

컨트리 사워도우
94

흰유청 사워도우
98

사워도우
그리시니 102

폴렌타 사워도우
104

토마토 사워도우
106

비트 사워도우
108

스파이스치즈
허브 사워도우
112

감자 사워도우
114

무화과, 호두, 팔
각 사워도우 116

헤이즐넛 커런트
사워도우 118

초콜릿 커런트
사워도우 120

캐러웨이 호밀
사워도우 122

세 가지 곡물빵
126

세몰리나빵
128

잡곡 해바라기빵
132

Pastries & Sweet treats (페이스트리와 디저트빵)

크로와상
136

뺑오쇼콜라
141

뺑오레젱
144

코펜하겐
148

브리오슈
152

시나몬롤
156

핫 크로스 번
158

마지팬 슈톨렌
164

양귀비씨
슈톨렌 168

맺음말   173

* '행복한 취미생활 DIY(http://cafe.never.com.diytp)' 카페 게시판에 **피터빵, 글루텐 free 빵, 컨트리 사워도우** 만드는 동영상이 있습니다. 참고하세요!

머리말
I N T R O D U C T I O N

어려서부터 지금까지 제빵은 인생에 있어서 가장 중요한 한 부분이다. 제빵사의 길로 들어선 것도 아버지와 삼촌이 운영하는 레스토랑에서 자연스럽게 영향을 받으며 보고 자랐기 때문이다. 이러한 경험은 다양한 맛의 개발과 새로운 레시피에 대한 안목을 확장하는데 많은 영향을 끼쳤다.

빵은 특별한 존재이다—재료 혼합부터 오븐에 빵을 굽기까지, 빵의 속이 익었는지 확인하기 위해 빵의 뒷면을 두드리는 작업부터 빵을 식히는 과정에서 나는 향기로운 빵의 냄새란 당신의 모든 심신을 감동시키기에 충분하다. 이러한 감동은 가히 말로 설명할 수 없다.

지금까지 단 한 번도 빵을 만드는 것에 지친 적이 없다. 아무리 많은 양의 빵을 생산해야 하는 어려운 상황이 오더라도, 항상 마음과 영혼을 담아 각각의 빵을 만드는 일에 열정을 가지고 어느 하나 소홀히 하지 않고 하나하나 정성껏 만들었다.

남아프리카와 나미비아의 독일식 베이커리에서 수습과정을 마친 후에도 아내 리사와 함께 그리스와 독일 지대에서 여행하고 일을 하며 새로운 기술을 연마하고 노력하는 일을 게을리하지 않았다. 많은 빵을 생산하는 일에서부터 고급 빵까지 일정하면서도 좋은 품질을 가질 수 있도록 개발하였다.

영국으로 돌아온 후 좀 더 폭넓은 경험을 하였다. 제빵 분야의 영향력 있고 열정이 넘치는 훌륭한 장인들을 만나 교류를 하게 된 것이다. 배움에 대한 목마름과 새로운 빵을 만들고자 하는 열정이 나를 자극시키기에 충분하였다. 때마침 좋은 기회들이 줄이어 찾아와 양질의 오가닉 재료들과 훌륭한 근무환경 속에서 일을 할 수 있게 되었다.

새로운 레시피 개발 및 베이커리 운영을 하며 어린 제빵견습생들을 가르치고 영향을 주면서 그들이 훌륭한 제빵사로 자라나는 과정을 통해 가르침에 대한 적잖은 보람을 느끼게 되었다. 학생들이 최상의 빵 만드는 법을 배우는 과정을 지켜보는 것은 내 자신이 직접 제빵을 할 때처럼 또 다른 희열을 선사해주었다.

이 책은 그간 내가 직접 만들어보고 개발하고 수정한 모든 레시피를 기반으로 제작되었다. 나의 최상의 목표는 언제나 깊은 풍미와 맛있는 식감을 내는 훌륭한 빵을 만드는 일이다. 각 단계별로 초급자가 할 수 있는 레시피부터 좀 더 높은 레벨의 사워브레드 레시피까지, 이 책은 당신의 제빵모험에 필요한 나침반이 될 것이다.

마지막으로 누구나 노력만 한다면 훌륭한 빵을 만들 수 있다는 것을 기억하라.

THE BASIC OF OTHER BREAD MAKING

제빵의 기초

밀가루와 소금
FLOUR AND SALT

빵을 만들 때 사용하는 밀가루는 여러 가지 곡물로 만든다. 이 책에서 다룰 빵가루는 통밀과 호밀가루이다.

각각의 곡물은 겨, 내배유, 싹 3가지 구성요소를 포함하고 있다. 제분할 때 위의 3가지 요소 중 어느 부분의 함량에 중점을 둘 것인지는 제분하는 방식에 따라 달라진다. 통밀로 제분하기 위해서는 다음과 같은 두 가지의 방법을 사용한다.

1 맷돌 제분   통밀을 통째로 넣고 가는 방식이다. 이 방식으로 만든 통밀가루는 위의 3가지 구성요소(겨, 내배유, 싹)가 모두 혼합된 형태로 제분된다. 이 밀가루를 좀 더 정제하는 과정을 거치면 우리가 통상적으로 접하는 하얀색 밀가루를 얻을 수 있다. 다만, 이 제분방식에서는 겨가 포함되어 제분되기 때문에 가루의 색상이 회색을 띈다.

2 롤러 제분   이 제분방식은 일련의 금속으로 된 롤러가 곡물을 파우더 형식으로 곱게 가는데, 곡물의 3가지 구성요소를 각각의 부분으로 분리해서 제분할 수 있다. 시중에서 구할 수 있는 밀가루 중 맷돌 제분방식이라고 라벨이 붙여있지 않은 밀가루는 롤러 제분방식으로 만든다.

통밀가루는 100% 곡물을 함유하고 있으므로 제분할 때 손실되거나 파괴되는 부분이 없다.

밀가루를 물과 혼합할 때 밀가루의 전분이 물을 흡수하면서 당분을 배출하는데, 이 당분이 이스트와 결합해서 이산화탄소를 배출한다. 물과 밀가루를 섞은 후 반죽하면 글루텐이 형성되는데, 글루텐은 반죽이 더 유연해질 수 있게 해주기도 하고 이산화탄소와 결합해서 빵을 부풀게 하는 작용도 한다. 빵의 절단면을 보면 물방울 모양처럼 형성된 부분이 이 작용의 한 예이다.

통밀가루

통밀은 사용 형태에 따라 여러 종류의 밀가루로 제조되고 분류된다.
중력분   약 10% 정도의 단백질과 75%의 곡물을 함유하고 있으며, 겨와 싹이 대부분 제거되어 쿠키와 페이스트리, 케이크를 만드는데 적합하다.

박력분   단백질 함량이 약 8% 정도로 낮고, 그 대신 전분 함량은 높은 편이다.

강력분   빵을 만들 때 사용한다. 보다 높은 함량의 단백질(약 11~13% 이상)은 빵 제조에 필요한 이산화탄소를 충분히 형성할 수 있게 한다. 또한 발효할 때 빵의 질감을 좋게 한다. 글루텐은 유기농 밀가루나 표백되지 않은 밀가루에서 가장 잘 생성되는데, 갈색 또는 흰 통밀가루가 좋은 예이다.

맥아가루 또는 곡물가루   이것은 맥아의 곡물부분이 함유된 갈색 밀가루를 말한다. 맥아란 곡물이 싹트는 단계의 형태를 말한다(전분이 당분으로 변성되는 과정). 맥아곡물은 통째로 밀가루와 혼합하거나 또는 제분한 후 밀가루와 섞은 형태로 공정한다. 맥아가루를 사용해서 만든 빵은 당분 함량이 비교적 많고, 곡물 특유의 구수한 향내를 띄는 특징이 있다. 맥아가루는 시중에서 흔히 구할 수 없는 종류의 밀가루로, 본문의 직접 제조방법을 참고해서 만들기 바란다(본문 19쪽 참고).

호밀가루

호밀가루는 통밀가루보다 글루텐 함량이 적다. 또한 미네랄과 식이섬유, 항산화 물질이 함유되어 있기 때문에 영양학적으로 아주 좋은 빵을 만들 수 있다. 겨의 내포 함량에 따라 라이트, 미디엄 또는 다크 호밀가루로 분류하며, 다크 호밀가루는 미국에서는 펌퍼니클(호밀 흑빵)로 불린다.

스펠트 밀가루

스펠트밀은 밀의 야생종으로 로마 밀로도 알려져 있다. 독일에서는 '딩켈', 이탈리아에서는 '파로'라고 불리는 야생종 밀이다. 통밀 또는 흰 밀가루 형태로 판매되며, 프로틴과 섬유질 함량이 높다. 또한 개종된 단일종의 밀보다 소화가 잘 되기 때문에 밀가루를 잘 소화하지 못하는 사람들에게 좋다.

호라산 또는 카뮤 밀가루

호라산도 야생종 밀가루의 한 종류이며, 이집트 밀로 잘 알려져 있다. 단백질 함량이 높고 소화가 잘 되기 때문에 밀가루를 잘 소화하지 못하는 사람에게 좋다. 시장에서는 흔히 카뮤란 이름으로 판매한다.

소금

소금은 제빵과정에서 빼놓을 수 없는 중요한 요소이다. 소금은 글루텐 형성에 도움을 주고, 맛의 가미 효과, 빵의 색깔 형성에 영향을 미친다. 또한 빵의 유통기한을 늘여주는 데도 한몫을 한다. 하지만 소금을 너무 많이 사용하면 빵이 부푸는 현상이 줄어들 수 있다.

이스트와 물
Y E A S T   A N D   W A T E R

이스트는 빵 만들기에 필요한 단일 효모균이다. 이스트는 당을 소화하여 이산화탄소와 소량의 알코올을 생산한다. 이를 통해 빵 반죽은 발효되고, 빵의 부푸는 현상을 도와 맛과 풍미에 큰 기여를 한다. 이 책에서는 3가지 종류의 이스트를 사용한다 : 생이스트, 건/활성 드라이이스트, 사워종(옆면 참조)을 직접 만들어본다.

이스트의 종류

압축된 생이스트는 벽돌 모양의 직사각형으로(케이크라 불림) 베이지색이며 손에 쉽게 잘 부서진다. 만약 공기에 오래 노출되면, 산화되어 색깔이 검어진다. 색깔이 검게 변한 부분은 반드시 제거한 후에 나머지를 빠른 시간 내에 사용하도록 한다. 항상 냉장보관하며, 공기와 접촉하지 않도록 용기에 담거나 랩을 씌워 보관하도록 한다. 건/활성 드라이이스트는 사용 전에 물에 잘 풀어서 사용한다. 생이스트 또는 드라이이스트는 사용 전에 항상 물에 충분히 녹인 후 사용한다. 단, 인스턴트 이스트는 바로 밀가루에 혼합하여 사용해도 된다. 포장을 벗긴 이스트는 공기가 통하지 않게 밀봉하여 보관한다. 이 책의 레시피에서는 생이스트와 드라이이스트 중 사용 선택에 대한 제한을 두지 않지만 개인적으로는 가능한 한 생이스트의 사용을 권장한다. 드라이이스트를 사용할 때에는 생이스트의 반 정도 양을 사용하면 된다. 그리고 항상 유통기한을 확인하여 사용한다.

물

물은 이스트가 활성화되어 밀가루의 글루텐을 형성하는데 중요한 요소이다. 제빵에 사용하는 물의 온도는 항상 실온 또는 약간 따뜻한 정도로 준비한다. 물의 온도를 체크하기 위해 온도계로 적정 온도를 확인한다. 만약 수돗물의 정수 상태가 좋지 않은 지역이라면 생수를 사용한다. 이 책의 모든 레시피에서는 기본적으로 먼저 이스트를 물에 녹인 후에 제빵과정을 진행한다.

사워종
S O U R D O U G H

밀과 호밀 그외 다양한 곡물들은 1000년이 넘는 역사 속에서 제빵사들에게 사워종을 위한 재료로 사용되어왔다. 야생 효모포자는 밀가루가 공기에 노출되면서 생성된다. 밀가루와 물을 혼합하여 발효시키는 과정을 진행하면 — 효모가 증식하며 이산화탄소를 배출한다 — 사워종을 얻게 된다('셰프(chef)' 또는 '마더(mother)'라고 불림). 사워종이 만들어지기까지 3~5일이 소요되며, 발효가 완료되면 빵을 만들기 위한 이스트로 활용한다.

1일째 밀가루 1t와 물 2t를 고루 섞은 후 아래와 같이 용기에 담는다. 마개를 닫고 하룻밤 동안 상온 보관한다.

2,3,4일과 5일째 밀가루 1t와 물 2t를 위 용기에 첨가한 후 잘 저어준다. 포자의 표면에 공기방울들이 생성됨을 관찰할 수 있다.

스타터를 만들기 위해 용기에서 15g(1T)의 사워종을를 계량한 후, 150g(1컵)의 밀가루와 150g(150mL, 2/3컵)의 따뜻한 물을 큰 볼에 담아 섞는다. 볼의 표면을 공기가 통하지 않게 잘 덮은 후 1일 동안 상온 발효시킨다. 1일 발효 후, 각 빵 만들기 레시피에 필요한 양을 계량하여 사용하면 된다.

나머지 효모에는 밀가루 1t를 첨가하여 밀봉한 후 다음 사용을 위해 냉장 보관한다. 오랫동안 냉장 보관하면 효모가 휴면상태가 된다. 이때 표면에 발생한 초산 상태의 액체를 따라 버리고 밀가루 30g(2T)과 물 30g(30mL, 2T)을 섞어 1일 상온 보관한다. 표면에 공기방울이 생성되면 사워종으로 사용하기에 적합한 상태이다. 만약 공기방울이 발생되지 않을 경우, 위의 방법대로 다시 재료를 첨가하고 발효시켜 효모를 활성화시킨다. 사워종을 적절한 상태로 잘 관리하는 한, 유통기한 없이 사용할 수 있다.

Day 1   Day 2   Day 3   Day 4   Day 5

제빵 도구
TOOLS AND EQUIPMENT

재료의 정량계량은 빵 만들기에서 승패를 가로 짓는 중요한 요소이다. 이 책의 모든 재료의 계량기준에 g을 먼저 기입하고(소금, 이스트와 액체류) 뒤에 컵과 티스푼(t) 또는 테이블스푼(T)으로 순서를 정하였다. 정확한 계량을 위해 고 정밀 전자저울의 사용을 권유하지만 어떤 계량방법을 선택할지는 독자의 몫으로 둔다. 정량 1컵의 밀가루의 무게는 120g으로 환산된다. 계량을 컵으로 할 경우 계량 눈금선에 닿을 수 있도록 정확히 깎아서 계량하도록 한다.

고 정밀 전자저울 위의 내용에서 강조되었듯이 계량방법을 무게로 정하였다면(컵 또는 스푼 계량방식이 아닌) 이 책의 레시피에서는 최소 1g부터 최대 3kg까지 측량할 수 있어야 한다. 계량범위가 1g, 2g, 5g식 고 정밀 전자저울이 있기 때문에 1g식 저울을 사용하여 부피가 작은 소금, 이스트, 물을 정확히 계량할 수 있도록 한다.

약 2L(8컵)을 담을 수 있는 큰 볼 1개와 약 1L(4컵)을 담을 수 있는 작은 볼 1개 작은 볼과 큰 볼의 이음새 부분이 서로 잘 맞는 것으로 사용한다. 정상 위치로 작은 볼을 뒤집어서 큰 볼의 표면을 덮어주거나 큰 볼로 작은 볼이 덮어지는 것으로 선택한다.
건조 재료와 습기 재료의 혼합 및 빵을 부풀리는 과정에서 표면의 건조를 방지하는 등 여러모로 활용 가능하다. 플라스틱 또는 파이렉스사에서 제조된 볼을 추천하나, 만일 파이렉스 볼을 사용한다면 미리 따뜻한 물로 헹구어 볼을 따뜻한 상태로 이용할 것을 권유한다.

로스팅팬 제빵에 필요한 수분을 제공하기 위해 오븐에 컵을 담아둘 수 있는 로스팅팬이 필요하다. 미리 예열할 경우에는 오븐의 아래쪽에 팬을 넣어 두도록 한다.

식빵틀 16×10cm(작은 크기 빵용) 또는 22×12cm(큰 크기 빵용) 정도의 빵틀이 필요하다.

발효바스켓 각기 다른 모양과 크기의 제빵발효에 적합한 도구가 필요하다. 충분한 발효과정은 빵의 모양 형성과 바삭한 식감에 지대한 영향을 미친다. 발효바스켓은 다양한 소재로 만들어진다. 제빵과정에서 꼭 필요한 필수도구는 아니지만, 앞으로 더 좋은 제품을 만들기 위해 이용할 만한 도구이다.

발효용/제빵용 리넨 또는 키친타월 발효바스켓에 넣은 반죽의 모양을 잡아주기 위해 예로부터 사용되던 두꺼운 리넨으로(예) 프렌치 바게트), 반죽의 습도조절에 도움을 주어 겉면이 바삭해질 수 있도록 한다. 또는 두꺼운 키친타월을 사용하여 빵을 발효할 때 겉면을 잘 덮도록 한다.

베이킹 스톤 제빵에 관심이 많은 사람이라면 누구나 베이킹 스톤 사용에 능숙해지기를 원할 것이다. 베이킹 스톤은 다양한 소재와 두께로 제작되며, 빵을 굽는 과정에서 골고루 익을 수 있도록 도와준다. 사용할 때는 미리 예열된 오븐에 넣어 열을 전달시킨다. 뜨거운 오븐에 차가운 베이킹 스톤을 넣으면 온도차로 그릇이 균열될 위험이 있다. 비슷한 빵틀용 도구로 아래의 베이킹 틀을 참고하자.

빵 또는 피자 삽 화덕 또는 오븐에서 구워진 빵을 꺼낼 때 사용한다.

철판 페이스트리 종류를 구울 때 가장 빈번하게 사용하는 도구 중 하나이다. 다른 빵틀용 도구로 위의 베이킹 스톤을 참고하기 바란다.

메탈 스크레이퍼 또는 톱날칼 메탈 스크레이퍼는 빵 반죽을 정확하게 나눌 수 있는 도구이며, 톱날칼도 비슷한 역할로 사용할 수 있다.

플라스틱 스크레이퍼 볼에 잔재되어 붙어 있는 반죽 덩어리를 효과적으로 떼어낼 수 있는 제빵 도구이다.

쿠프나이프 빵을 굽기 전에 빵의 표면에 칼집을 줄 때 사용하는 날카로운 면도날의 제빵용 도구이다. 대체 도구로 면도날을 커피스테러에 묶어서 사용하거나(52쪽 참고) 날카로운 작은 칼을 이용해도 된다.

이외에도 다양한 아래의 주방도구들이 사용된다.

도마
랩 또는 위생 비닐봉투
스트레이너 또는 밀가루 체
조리용 타이머
계량컵
계량스푼
제빵용 기름종이(유산지)
주방용 가위
제빵용 브러시
제빵용 밀대
케이크팬
냄비
슬로티드 스푼
와이어 랙
나무주걱

참고사항
GUIDELINES AND TIPS

재료준비 getting started

1 굽기에 앞서 모든 재료들의 개수 및 종류가 정확하게 준비되었는지를 꼼꼼히 확인한다. 레시피의 재료사항을 확인하지 않고 바로 제빵에 들어가면 다른 종류의 밀가루를 사용한다든지 유통기한이 지난 이스트를 쓰게 된다든지 충분하지 않은 토핑 등을 마련하는 실수를 범할 수 있다.

2 작업대를 깨끗하게 정리하여 준비한다.

3 레시피에 있는 재료의 정량을 먼저 파악하여 준비한다. 어떤 재료들은 레시피에서 다른 양으로 몇 번 사용하게 되는 경우가 있다. 예를 들면, 125 g(1컵) 강력분을 처음에 사용한 후에 또 다시 250 g(2컵)을 첨가하는 경우가 있다. 레시피를 정독하여 총 사용하는 양을 측정한 후에 준비하도록 한다.

4 레시피를 한번 훑는 과정을 통해 적합한 제빵도구들 볼, 용기 또는 베이킹팬 등을 준비한다. 특별한 제빵팬 또는 제빵도구들(발효바스켓이나 철판 같은 종류)은 각 레시피에 있으니 참고하기 바란다. 기본 제빵도구들에 대한 내용은 13쪽에 있다.

5 레시피가 작은 빵 1개 만드는 경우에는 500 g(15.2×10.2 cm) 빵틀을 사용하고, 12개 조각을 얻을 수 있다. 큰 빵 1개를 만드는 경우에는 900 g(21.6×11.4 cm)의 빵틀을 사용하고 21개 조각을 얻는다.

반죽과정 making and kneading the dough

1 건조 상태의 모든 재료들은 작업에 앞서 고루 섞는다.

2 이스트는 사용 전에 충분히 물에 녹여 혼합이 쉽게 한다.

3 건조 상태의 재료와 수분기가 있는 재료를 섞을 때는 전자를 후자에 섞은 후 사용한 볼을 반죽 덮개로 사용하는 등 효율적인 방법을 모색하는 것도 좋은 방법이다.

4 반죽을 혼합할 때는 모든 재료가 골고루 섞일 수 있게 먼저 나무주걱으로 잘 섞다가 손으로 반죽을 하나의 덩어리로 만든다.

5 볼 가장자리에 남아있는 반죽조각들이 없는 하나의 공 모양이 될 수 있게 발효 준비과정에서 플라스틱 스크레이퍼 또는 나무주걱을 사용하여 모양을 잡아준다.

6 건조 재료를 담았던 볼을 이용하여 반죽이 공기와 접촉하지 않도록 덮는다. 이외에도 위생백 등을 사용할 수 있다. 하지만 반죽이 부풀면 랩에 달라붙을 수 있으므로 랩 사용을 자제하도록 한다.

7 레시피에 있는 대로 반죽이 충분하게 숙성될 수 있도록 한다— 보통 10분이면 글루텐 형성이 시작된다(8쪽 참고).

8 반죽이 숙성된 뒤에 글루텐의 활성을 위해 반죽과정을 시작한다. 반죽의 기초과정에 대한 사항은 20쪽의 내용과 사진들을 참고하여 숙지하기 바란다. 반죽을 약 10초간 10번 접어준다. 과도하게 반죽을 치대거나 주무르지 않도록 유의한다.

9 10초간 반죽을 총 4번 반복하도록 하며, 반죽과 숙성과정을 번갈아 각 단계별로 반복한다. 단계별 과정을 반복할 때 반죽에 자국을 내어 몇 번의 과정을 반복하는지를 확인하는데, 책 속의 반죽사진을 참고하면 조그만 자국들을 직접 확인할 수 있을 것이다.

10 4단계의 반죽 접기과정이 끝나면 다시 반죽을 덮어(위의 6 참고) 약 1시간 동안 발효를 하여 풍미를 형성할 수 있도록 한다. 반죽을 잘 덮어 반죽의 윗면이 건조하지 않도록 유의한다.

분할과 성형 separating and shaping

1 1시간 정도 숙성된 반죽의 덮개를 제거한다. 독특한 알코올 향을 맡을 수 있는데, 반죽의 발효가 완료된 상태이다. 냄새뿐 아니라 볼을 덮어두었던 커버볼이나 위생백에 약간의 습기가 찬 것을 확인할 수 있다.

2 반죽이 상당히 부푼 것을 확인할 수 있으며 주먹을 이용하여 천천히 반죽을 눌러 가스를 빼낸다.

3 약간의 덧가루를 작업대 위에 고루 뿌린 후(종류에 상관없으나 보통은 강력분 사용) 그 위에 반죽을 떼어내어 올린다.

4 반죽이 조금 끈적거릴 경우 덧가루를 이용해 손가락에 반죽들이 들러붙지 않도록 한다.

5 손으로 반죽을 공 모양이나 납작한 타원형 또는 길쭉한 직사각형 모양으로 레시피에 따라 성형한다.

6 반죽성형은 복잡하고 시간이 걸리는 작업이지만 빵을 만드는데 있어 글루텐의 형성을 최대한으로 발육시키거나 반죽이 구워질 때 골고루 부풀 수 있게 하는 중요한 과정이다.

7 1가지 이상의 종류의 빵을 만든다면 반죽을 메탈 스크레이퍼 또는 톱날칼을 이용하여 동일한 양으로 나눈다. 각각의 반죽조각을 무게를 달아 정확히 동일한 양으로 나누어질 수 있게 한다. 이러한 과정을 통해 모든 제품이 동일하게 구워질 수 있다.

8 성형하는 과정에서 반죽이 수축되거나 갈라지는 현상이 있다면 반죽을 다시 덮어 5분 정도 숙성시킨다.

9 완성된 반죽을 유산지를 깐 철판 또는 리넨을 깐 발효바스켓 또는 오일이나 버터를 덧바른 식빵틀 등에 담는다.

발효과정 proofing/rising

1 이제 반죽은 발효를 위한 준비가 되었다. 발효를 위한 최상의 조건은 따뜻한 온도와 약간의 습도이므로 반죽을 공기에 접촉시키지 않도록 유의한다.

2 발효를 위해 오븐 설정을 발효기와 같은 조건으로 설정하도록 한다. 오븐을 가장 낮은 온도(50℃)에 맞춘다. 오븐을 끈다(**아주 중요**). 오븐 그릴 중간 부분에 젖은 키친타월을 올려놓는다. 습기와 온도가 적절해진 오븐환경 속에서 반죽을 발효시킨다. 반죽을 때때로 확인하여 기존 부피의 2배가 되었을 때 오븐에서 꺼내 굽기를 위한 준비를 시작한다.

3 위의 방법대로 오븐 활용하기를 원하지 않는다면, 볼을 이용해 반죽이 담긴 용기를 덮거나 위생백으로 반죽용기를 덮는다. 끓는 물 1컵을 근처에 두면 수분을 제공한다. 젖은 타월이나 물 1컵은 발효에 필요한 적정한 습도조절을 위해 필요한 요소이다.

4 발효는 효모의 발육을 활성화시키는 과정이며 빵의 질에도 기여한다.

모양내기 slashing

1 반죽의 발효가 완료되면 반죽 표면에 칼로 일정한 무늬를 만든다. 이는 빵 속에 생성된 불필요한 가스의 배출을 돕는다.

2 모양내기에서는 쿠프나이프(13쪽) 또는 작은 면도날. 날카로운 칼을 이용한다.

3 반죽 전체를 자르지 않고 윗부분만 약간 모양을 내도록 유의한다. 쿠프나이프를 45도로 약간 기울여서 빵의 표면에 모양을 낸다.

제빵과정 baking

1 항상 오븐을 240℃에 맞춰 높은 온도에서 예열한다(컨벡션 오븐에서는 Gas9에 세팅한다). 일반 오븐에서는 열이 고루 전파될 수 있도록 한다.

2 오븐의 온도가 가장 뜨거울 수 있도록 시간을 설정한다. 여러 종류의 오븐이 있지만 대략적으로 가장 높은 온도에 도달할 때까지 약 20~30분이 걸린다.

3 식빵틀을 사용하는 경우에는 오븐 가운데 선반 위에 놓는다.

4 로스팅팬을 오븐의 아래쪽 부분에 놓도록 한다.

5 물을 담을 컵을 준비하여 제빵에 필요한 수분을 제공할 수 있도록 한다.

6 베이킹 스톤을 사용하는 경우에는 오븐의 가운데 선반 위에 올려놓고 온도가 전도될 수 있도록 준비한다. 절대로 온도차가 나는 차가운 베이킹 스톤을 뜨거운 오븐에 집어넣지 않도록 한다. 급격한 열의 차이로 인해 베이킹 스톤이 깨질 수 있으므로 유의한다.

7 빵 반죽을 굽기 위한 준비를 다해서 식빵틀에 담았다면, 가운데에서 굽도록 설정한 후 아랫부분에 로스팅팬을 넣고 물 1컵을 넣어 둔다.

8 빵 반죽이 발효바스켓에 있었다면 덧가루를 뿌린 브레드보드에 옮긴 후 예열된 베이킹 스톤으로 옮긴다. 베이킹 스톤을 사용하지 않을 때는 위 반죽을 유산지를 깐 철판에 올려서 오븐 중앙에 놓고 굽는다. 항상 오븐 아래쪽의 로스팅팬에 물을 넣어 두도록 한다.

9 수증기는 제빵에 있어서 여러모로 중요한 요소이다. 반죽이 오븐에 들어가 구워지면 바깥쪽부터 익는데, 이때 수증기가 없으면 빵의 색깔내기가 어렵고 겉 표면이 갈라지게 된다. 수증기는 빵에 윤기를 주고 식감을 바삭하게 해주며 빵 반죽의 가스가 배출되어 겉 표면이 갈라지지 않도록 방지해준다. 모양내기에서 절개한 부분도 확실한 모양을 잡는다. 빵의 색상과 식감에 영향을 미친다.

10 빵은 항상 충분히 예열된 오븐에서 굽도록 하며 예열 후에는 온도를 적절하게 맞추도록 한다.

11 만약 빵의 색이 짙은 갈색이라면. 오븐의 온도를 낮추고 빵의 겉부분을 유산지로 덮어준다.

12 빵이 제대로 구워진 것을 확인하기 위해 식빵틀에서 꺼내어 빵의 바닥부분을 손가락으로 두드려본다―만약 텅 빈 소리가 난다면 제빵이 완료된 것이다.

13 빵이 아직 다 구워지지 않았다면 다시 오븐에 넣어 몇 분 더 굽는다.

14 굽기가 완료되면 식힘망에 올려 식힌다.

15 오븐에서 뜨거운 빵을 꺼낸 후에도 온도로 인해 빵은 계속 익어가기 때문에 약 15분 정도 후에는 빵의 겉면 색깔이 처음보다 짙어짐을 확인할 수 있다.

BASICS & OTHER YEASTED BREADS

건강 발효빵

식빵 3종
S I M P L E   W H I T E   B R E A D

이 레시피는 제빵에서 가장 기초적인 단계를 설명하고 있다. 이를 통해 독자들만의 기법을 살린 제빵 노하우를 터득할 수 있기를 바란다. 이 책의 내용을 충분히 활용한다면 누구나 먹음직한 빵을 만들 수 있을 것이다. 다만, 맥아가루는 시중에서 구입하기 쉽지 않으므로, 아래에 제시된 방법으로 직접 만들어 보는 것도 좋을 것이다.

기본 식빵(1개 기준)

강력분 300 g(21/3컵)

소금 6 g(1t)

생이스트 3 g 또는 드라이
이스트 2 g(3/4t)

따뜻한 물 200 g(200 mL,
3/4컵)

미니 식빵용 또는 파운드
틀 500 g(또는 비슷한 크기)에
오일로 표면을 얇게 발라서
준비

곡물 식빵

맥아가루 300 g(21/2컵)

*직접 제조법:강력분
11/2컵, 잡곡믹스(또는 호
밀가루) 2/3컵, 맥아 후레
이크 1/3컵을 혼합해서
사용

소금 6 g(1t)

생이스트 3 g 또는 드라
이이스트 2 g

따뜻한 물
200 g(200 mL, 3/4컵)

통밀 식빵

통밀가루 300 g(21/2컵)

소금 6 g(1t)

생이스트 3 g 또는 드라
이이스트 2 g

따뜻한 물
230 g(230 mL, 약 1컵)

1 작은 볼에 밀가루와 소금을 고루 섞는다. (A)

2 큰 볼에 계량한 이스트를 넣는다. (B)

3 2에 물을 넣는다. (C)

4 이스트가 다 녹을 때까지 저어준다. (D)

5 위의 1을 4에 넣는다. (E)

6 나무주걱으로 섞은 후 손으로 한 덩어리가 될 때까지 반죽한다. (F)

7 스크레이퍼로 용기에 남아있는 반죽을 다 떼어 완전한 하나의 반죽을 만든다. (G)

8 반죽이 완성되면 작은 볼을 아래 사진과 같이 뒤집어 반죽의 윗부분이 공기와 접촉하지 않도록 덮어준다. (H)

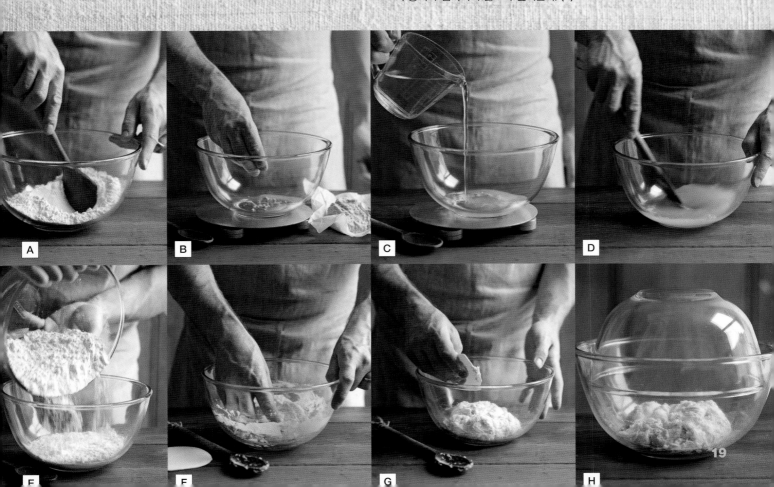

A

B

C

D

E

F

G

H

9 반죽을 10분 동안 상온에 둔다.

10 10분 뒤에 반죽이 담긴 볼에서 반죽 끝부분을 잡아당겨 가운데로 누르기를 한다. 볼을 천천히 돌려가며 이 과정을 반복하여 반죽의 모든 부분이 고루 반죽될 수 있도록 한다. 8번 반복한다. 이 과정들을 약 10초 안에 해야 한다.

11 다시 반죽을 덮어 10분간 둔다.

12 10과 11을 두 번 반복한다. 반죽을 당겼을 때 탄력이 느껴질 것이다. (L)

13 총 3회 이 과정을 반복하였을 때 반죽은 부드러운 질감으로 변하게 된다. (M)

14 10의 과정을 마지막으로 한 번 더 반복한다.

15 위의 과정을 모두 마친 반죽을 매끄러운 공 모양으로 만든다. (N)

16 반죽을 다시 덮어 부풀 때까지 1시간 동안 발효시킨다.

17 반죽이 2배로 부풀었으면 주먹으로 가스를 빼낸다. (O)

18 작업대 위에 덧가루(밀가루)를 뿌린다.

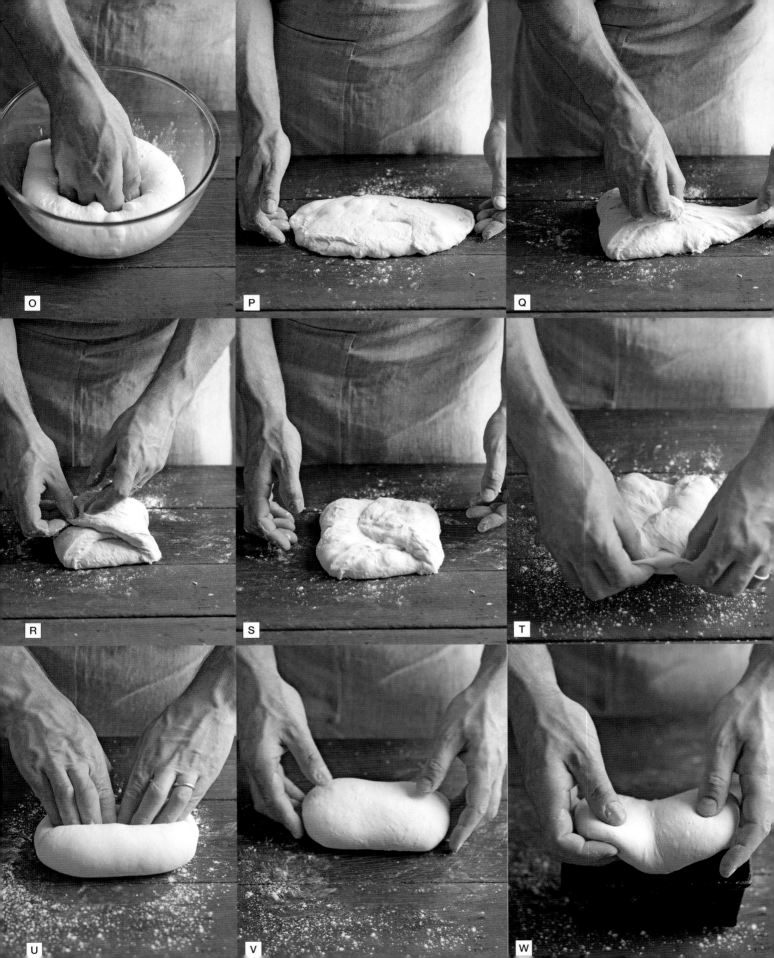

19 볼에 있던 반죽을 작업대 위에 올리고, 타원형 모양으로 납작하게 만든다. (P)

20 반죽의 오른쪽 끝부분을 잡아당겨 가운데 쪽으로 접는다. (Q)

21 반죽의 왼쪽 끝부분을 잡아당긴 후 가운데 쪽으로 접는다. (R)

22 반죽이 하나로 뭉칠 수 있게 반죽을 살짝 눌러준다. 이제 반죽이 직사각형 모양을 갖추게 된다. (S)

23 직사각형 반죽의 1/3부분을 가운데 쪽으로 당겨서 접어 한 덩어리의 빵 모양으로 만든다. (T)(U)

24 반죽을 반대방향으로 뒤집어 위의 22 과정을 반복한다. 반죽이 매끄럽게 될 때까지 반복하여 식빵틀에 들어갈 수 있는 알맞은 크기가 되게 모양을 잡아준다. (V)

25 접힌 부분을 아래로 하여 식빵틀에 반죽을 담는다. (W)
사진 (X)와 같이 기본 식빵, 곡물 식빵, 통밀 식빵을 담는다.

26 큰 볼 또는 위생백으로 덮은 후 반죽이 2배로 부풀 때까지 약 35~40분 발효시킨다.

27 굽기 약 20분 전에 오븐의 아랫부분에 로스팅팬을 넣고, 오븐을 240℃ 또는 최고 온도로 예열한다. 빵에 수분을 제공할 물 1컵도 따로 준비한다.

28 반죽이 2배로 부풀었으면 덮었던 것을 걷어낸다. (Y)

29 예열된 오븐에 반죽을 넣고 예열된 로스팅팬에 물을 부어 온도를 200℃로 낮춘다.

30 약 35분간 겉면이 황갈색이 날 때까지 굽는다. (Z)

31 빵이 제대로 구워졌는지 알아보기 위해 빵의 뒷면을 톡톡 두드려 빈소리가 나는지를 확인한다. (AA)

32 더 구워야 하면, 다시 오븐에 넣어 몇 분 더 구운 후 식빵틀에서 꺼내 식힘망에 올려 식힌다. (BB)

A

B

C

모닝빵

B R E A D   R O L L S

모닝빵은 그냥 빵으로 먹기도 하고 샌드위치나 햄버거용 빵으로 사용하기도 하다.

재료(4개 기준)

강력분 200 g(1 1/2컵)
소금 4 g(3/4t)
생이스트 6 g 또는 드라이이
스트 3 g(1t)
따뜻한 물 130 g(130 mL, 1/2컵)

도구

철판 위에 유산지를 깔아서
준비

1 빵의 반죽 및 발효과정은 앞(19~23쪽)에 나온 식빵 만들기 방법의 **19**까지 그대로 따라 한다.

2 반죽을 스크레이퍼로 4등분한다. **(A)**

3 각각의 반죽이 80 g이 되도록 계량한다. 모든 반죽이 동일한 양이 되도록 무게가 부족한 반죽에는 반죽을 덧붙이고 많은 반죽에서는 반죽을 떼어 무게를 같게 한다.

4 계량된 반죽이 완전히 매끄러운 둥근 모양이 되게 양손으로 철판 위에 둥글리기 한다. 반죽의 한쪽 면을 손으로 지그시 평평하게 눌러 평평한 면이 밑으로 가게 철판 위에 놓는다. **(B)**

5 반죽들을 큰 볼로 덮어둔다. **(C)**

6 반죽들이 2배로 부풀 때까지 약 15~20분 동안 발효시킨다.

7 굽기 약 20분 전에 오븐의 아랫부분에 로스팅팬을 넣고, 오븐을 240℃(또는 최고 온도)로 예열한다. 빵에 수분을 제공할 물 1컵도 따로 준비한다.

8 반죽이 충분히 부풀어 오르면 덮어뒀던 볼을 걷어낸다.

9 예열된 오븐에 반죽을 넣고 예열된 로스팅팬에 물을 부어 온도를 200℃로 낮춘다.

10 빵 표면이 황갈색이 날 때까지 약 15분 동안 굽는다.

11 빵이 제대로 구워졌는지 알아보기 위해 빵의 뒷면을 톡톡 두드려 빈 소리가 나는지를 확인한다.

12 더 구워야 하면 오븐에 넣어 몇 분 더 굽는다. 다 구웠으면 식힘망에 올려 식힌다.

A

B

소다빵

PLAIN SODA BREAD

기초 단계 빵 만들기의 한 종류이며, 이스트와 발효과정 없이 정백된 밀가루 또는 통밀가루로 만든 투박하며 간
단한 빵이다. 따끈따끈하고 신선한 빵을 만들기 위해 믹싱과정을 최소화하며 오븐에 재빨리 구어내기를 권유한
다. 갓 구운 빵과 함께 신선한 버터 또는 집에서 만든 오가닉 잼을 덧발라 즐겨 먹으면 좋다.

재료(1개 기준)

강력분 또는 통밀가루
250 g(2컵)

소금 6 g(1t)

베이킹소다 4 g(1t)

우유 또는 버터밀크
260 g(260 mL, 1컵과 1T)

도구

식물성 오일을 덧바른 파이틀
또는 철판에 유산지를 깔아서
준비

1 오븐을 200℃로 예열한다.

2 볼에 밀가루, 소금, 베이킹소다를 넣어 잘 섞는다.

3 2에 우유(또는 버터밀크)를 넣어 한 덩어리가 될 때까지
잘 섞는다. (A)

4 깨끗한 작업대 위에 덧가루를 뿌린다.

5 반죽을 작업대 위에 올려놓는다.

6 반죽을 둥근 모양으로 가볍게 눌러준다. 반죽 표면에 밀
가루나 통밀가루를 뿌려준다.

7 톱날칼로 반죽 표면에 십자모양을 낸다. (B:소다빵과 통
밀 소다빵)

8 준비된 반죽을 파이틀 또는 철판에 올려놓는다.

9 예열된 오븐에서 약 20～30분 동안 빵 표면이 황갈색이
날 때까지 굽는다. 빵이 제대로 구워 졌는지 알아보기 위해
빵의 뒷면을 두드려 빈 소리가 나는지를 확인한다.

10 더 구워야 하면, 다시 오븐에 넣어 몇 분 더 구운 후 식
힘망에 올려 식힌다.

건포도 통밀 소다빵
WHOLEGRAIN FRUIT SODA BREAD

기본 소다빵 만들기를 응용하여 말린 과일과 곡물을 첨가한 소다빵을 만들어 볼 수 있다. 곡물의 씹히는 질감이 있으면서 말린 과일 첨가로 당도가 좀 높은 이 빵은 영양적으로도 아주 훌륭한 아침식사가 될 것이다. 단, 하루 전에 미리 준비해야 할 것이다.

재료(작은 크기 1개 기준)

빻은 밀 125 g(1컵)
골든 레이즌/설타나 50 g(1/2컵)
우유 125 g(125 mL, 1/2컵)
레몬 1개(레몬즙을 내고 껍질은 레몬 제스트로 준비)
통밀가루 125 g(1컵)
소금 3 g(1/2 t)
베이킹소다 3 g(3/4 t)

도구

철판에 유산지를 깔아서 준비

1 큰 볼에 빻은 밀과 골든 레이즌/설타나, 우유, 레몬즙과 제스트를 잘 섞어둔다.

2 1을 작은 볼로 덮은 후 냉장고에 하루 동안 보관한다.

3 다음날 오븐을 200℃로 예열한다.

4 냉장 보관되었던 볼을 꺼내 작은 볼을 걷어내고 밀가루와 소금, 베이킹소다를 함께 섞는다.

5 1을 4에 넣고 나무주걱으로 섞는다. (A)

6 만약 반죽이 건조해서 잘 뭉혀지지 않는다면 우유를 조금 넣는다.

7 깨끗한 작업대 위에 덧가루를 뿌린다.

8 반죽을 작업대 위에 올려놓은 후 반죽 표면에 통밀가루를 뿌린다. (B)

9 반죽을 둥근 공 모양으로 만들어 표면에 밀가루를 넉넉하게 뿌린다. (C)

10 반죽을 살짝 눌러 모양을 잡은 후 톱날칼로 반죽 표면에 십자 모양을 깊게 낸다. (D)

11 유산지를 간 철판 위에 반죽을 올려놓는다.

12 예열된 오븐에서 약 20~30분간 황갈색이 날 때까지 굽는다. 빵이 제대로 구워졌는지 알아보기 위해 빵의 뒷면을 톡톡 두드려 빈 소리가 나는지를 확인한다.

13 더 구워야 하면, 오븐에 넣어 몇 분 더 굽는다. 다 구웠으면 식힘망에 올려 식힌다.

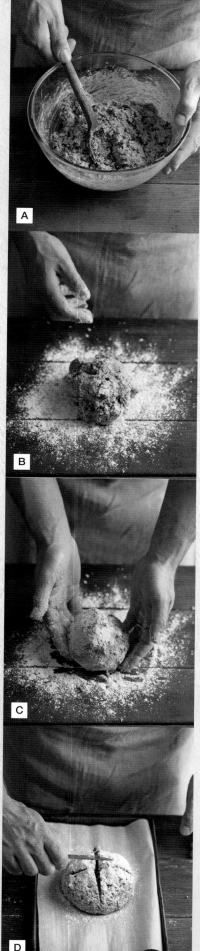

씨앗 잡곡빵
MULTIGRAIN SEEDED BREAD

여러 가지 잡곡의 씨앗을 이용하여 각각의 곡물 특유의 독특한 맛을 즐길 수 있는 이 빵은 맛뿐만 아니라 영양적인 면으로도 우수한 건강 지킴이 빵이다.

재료(큰 크기 1개 기준)

찬물 300 g(300 mL, 11/4컵)
참깨 20 g(2 T)
아마씨 20 g(2 T)
메밀씨 또는 볶은 메밀 20 g(2 T)
해바라기씨 20 g(2 T)
통밀가루 500 g(4컵)
소금 10 g(2 t)
생이스트 8 g 또는 드라이이스트 4 g(11/4 t)
따뜻한 물 80 g(80 mL, 1/3컵)

도구

식빵틀(900 g)에 식물성 오일을 덧발라 준비

1 큰 볼에 찬물과 곡물 씨앗을 잘 섞은 후 작은 볼로 윗면을 덮은 후 냉장고에서 하루 숙성시킨다.

2 다음날 냉장고에서 볼을 꺼내고 작은 볼에 통밀가루와 소금을 섞어 준비한다.

3 다른 작은 볼에 이스트와 따뜻한 물을 넣고 이스트가 녹을 때까지 고루 섞는다.

4 3을 1에 섞고 2를 넣어 손으로 반죽한 다음 작은 볼로 덮어 10분간 둔다.

5 20쪽의 10을 참고하여 반죽 누르기를 한다.

6 다시 반죽을 덮어 10분간 둔다.

7 5와 6을 두 번 반복한 후 다시 5를 한 번 더 한다. 반죽이 담긴 볼을 덮어 1시간 동안 발효시킨다. (A)

8 반죽을 눌러 가스를 빼낸다.

9 깨끗한 작업대 위에 덧가루를 뿌리고 반죽을 올린다. 반죽의 귀퉁이 부분을 잡아 가운데로 접고, 반대쪽 부분도 접는다. (B)(C)

10 반죽을 소시지 모양으로 길쭉하게 식빵틀의 2배 길이가 될 때까지 굴린다. (D)(E)

11 반죽을 U 모양으로 만든다. (F)

12 반죽의 양쪽 끝을 잡고 마지막 부분까지 꼬아서 준비된 식빵틀에 넣는다. (G)(H)(I)

13 반죽 윗면에 덧가루를 뿌리고 덮어 약 45분간 반죽이 2배로 부풀 때까지 발효시킨다. (J)

14 굽기 약 20분 전에 오븐의 아랫부분에 로스팅팬을 넣고, 오븐을 240℃(또는 최고 온도)로 예열한다. 빵에 수분을 제공할 물 1컵도 따로 준비한다.

15 예열된 오븐에 반죽을 넣고 로스팅팬에 물을 부어 온도를 220℃로 낮춘다. 약 30분간 황갈색이 날 때까지 굽는다. 빵이 제대로 구워졌는지 알아보기 위해 빵의 뒷면을 톡톡 두드려 빈 소리가 나는지를 확인한다.

피자빵
P I Z Z A   D O U G H

이 레시피에서는 피자반죽 5개를 만들어 볼 수 있으며 각각의 완성된 피자빵은 식히기 과정 후에 랩이나 위생백으로 잘 싸서 냉동 보관한다. 재사용할 때는 해동과정 후에 토핑을 얹어 구워내어 사용한다.

재료(5개 기준)

강력분 500 g (4컵)
소금 10 g (2t)
생이스트 2 g 또는 드라이이스트 1 g (1/4 t)
따뜻한 물 250 g (250 mL)
개인 취향의 다양한 토핑
㉠ 모짜렐라치즈, 허브류, 올리브오일, 천일염

도구

철판에 유산지를 깔아 준비
베이킹 스톤, 브레드보드(선택 사항)

1 작은 볼에 밀가루와 소금을 잘 섞어 준비한다.

2 큰 볼에 계량한 이스트와 따뜻한 물을 넣고 고루 섞는다.

3 1을 2에 넣는다.

4 나무주걱을 이용하여 잘 젓다가 손을 이용하여 한 덩어리의 반죽으로 뭉친다.

5 반죽이 담긴 볼을 작은 볼로 덮는다.

6 10분 동안 상온에 둔다.

7 20쪽 10을 참고하여 반죽 누르기를 한다.

8 다시 반죽을 덮어 10분간 둔다.

9 7과 8을 두 번 반복한 후 다시 7을 한 번 더 한다.

10 반죽이 담긴 볼을 덮어 하루 동안 서늘한 곳에서 발효시킨다.

11 반죽이 2배로 부풀었으면 주먹으로 눌러 가스를 빼낸다.

12 깨끗한 작업대에 덧가루를 뿌린다.

13 반죽 덩어리를 작업대 위에 올려놓고 스크레이퍼로 5등분한다.

14 반죽 한 덩어리를 둥근 모양이 될 때까지 양손으로 둥글리기 한다. 반죽의 한쪽 바닥을 평평하게 눌러 바닥면을 만들어 작업대 위에 놓는다. 다른 반죽 덩어리들도 같은 모양으로 만든다. (A)

15 완성된 반죽을 큰 볼로 덮은 후 10분 동안 상온에 둔다.

16 반죽을 사진과 같이 얇은 두께가 될 때까지 밀대로 민다. (B)

17 포크로 반죽 전체를 찍는다. (C)
*반죽을 구웠을 때 부풀어 오르는 것을 방지하기 위해서 포크로 찍는다.

18 유산지 위에 반죽을 올린 후 개인의 취향대로 자유롭게 토핑을 올리고 10~15분간 둔다.

19 그 동안 오븐의 아랫부분에 철판(또는 베이킹 스톤)을 넣고, 오븐을 240℃로 예열한다. 빵에 수분을 제공할 물 1컵도 따로 준비한다.

20 만일 브레드보드가 있다면 토핑이 된 반죽을 사진과 같이 올린다. (D)

21 예열된 오븐의 철판(또는 베이킹 스톤) 위에 피자반죽을 올리고 예열된 로스팅팬에 물을 부어 온도를 220℃로 낮춘다.

22 약 15분간 황갈색이 날 때까지 하나씩 굽는다.

A   B   C   D

치아바타

C I A B A T T A

이탈리아의 가장 유명한 빵 중 하나인 치아바타는 이탈리아어로 '슬리퍼'라는 뜻을 가지고 있으며, 이와 닮은 모양이라 하여 붙여진 이름이다. 시간과 정성, 그리고 이탈리아 음식에 빠질 수 없는 올리브오일이 들어가는 이 빵은, 빵 안에 형성된 공기방울로 인한 부드러운 식감이 특징이다. 따뜻할 때 발사믹 식초가 들어간 올리브오일 또는 스프레드 버터를 발라 먹으면 더 좋다.

A

B

C

재료(작은 크기 2개 기준)

강력분 200 g(1 1/2컵)

*이탈리안 "00" flour

소금 4 g(3/4t)

생이스트 2 g 또는 드라이이스트
1 g(1/4t)

따뜻한 물 150 g(150 mL, 2/3컵)

올리브오일 50 g(50 mL, 3T)

도구

철판에 유산지를 깔아 준비

1 작은 볼에 밀가루와 소금을 섞어 준비한다.

2 큰 볼에 계량한 이스트와 따뜻한 물을 넣고 고루 섞는다.

3 1을 2에 넣는다.

4 나무주걱으로 두 재료가 끈적끈적한 반죽이 될 때까지 섞는다.

5 다른 큰 볼에 준비된 올리브오일의 1/3 정도를 볼 안에 바르고, 끈적한 반죽을 넣는다.

6 볼의 윗면을 다른 볼로 덮은 후 약 1시간 동안 휴지시킨다.

7 휴지 후 반죽을 두 번 접는다.

8 다시 볼을 작을 볼로 덮어둔다.

9 위의 6~8과정을 세 번 반복하는데, 휴지 전에 반죽이 볼 바닥에 들러붙는 것을 방지하기 위해 올리브오일을 조금씩 넣는다.

10 마지막 단계에서 반죽의 크기가 많이 부풀고 공기방울이 형성된다.

11 깨끗한 작업대 위에 덧가루를 뿌린다.

12 작업대 위에 반죽을 올리고 형성된 공기방울이 손상되지 않게 살살 다룬다. **(A)**

13 스크레이퍼로 반죽을 2등분한다.

14 반죽의 무게가 같아질 때까지 반죽 떼기 붙이기를 한다.

15 손에 밀가루를 묻힌 후 반죽을 슬리퍼 모양으로 만든다. 각각의 반죽에 밀가루를 덧바른다. **(B)**

16 반죽을 준비된 철판 위에 올린다. **(C)**

17 약 5~10분간 휴지시킨다.

18 반죽을 휴지하는 동안 오븐을 240℃로 예열한다.

19 약 15분간 황갈색이 날 때까지 굽는다.

*치아바타를 만들 때는 스팀을 위한 물이 필요하지 않다. 치아바타 반죽 자체가 충분한 수분을 갖고 있기 때문이다.

20 빵이 제대로 구워졌는지 알아보기 위해 빵의 뒷면을 톡톡 두드려 빈 소리가 나는지를 확인한다.

21 만약 소리가 나지 않는다면, 다시 오븐에 넣어 굽는다(단, 너무 장시간 구워 빵이 딱딱해지지 않도록 한다— 치아바타는 내면의 촉촉한 식감과 얇고 바삭한 겉면이 특징). 다 구웠으면 식힘망에 올려 식힌다.

이탈리아 밀가루의 종류 ···
···← 임태언 셰프의 tip

이탈리아 밀가루는 잘게 갈린 정도에 따라 "0" "1" "2"로 구분한다. "00"는 강력분에 가깝고 "0"은 중력, "1"과 "2"는 박력에 가깝다.
우리나라에 들어올 때는 전부 박력 밀가루라고 표기해서 나오므로 주의해야 한다.

포카치아
F O C A C C I A

포카치아는 치아바타와 만드는 방식이 유사하지만, 피자처럼 다양한 토핑을 얹어 먹는 방식이 특징이다. 여행이나 피크닉에서 최고의 간식이 될 만한 빵이다.

재료(1개 기준)

강력분 200 g(11/2컵)
*이탈리안 "00" flour
소금 4 g(3/4t)
생이스트 2 g 또는 드라이이스트 1 g(1/4t)
따뜻한 물 150 g(150 mL, 2/3컵)
올리브오일 50 g(50 mL, 3T)
개인취향에 맞는 자유 토핑재료
예) 생 로즈마리, 굵은 소금 또는 슬라이스 적양파, 감자, 칼라마타 올리브, 체리토마토 등

도구

철판에 유산지를 깔아 준비

1 작은 볼에 밀가루와 소금을 잘 섞어 준비한다.

2 큰 볼에 계량한 이스트와 따뜻한 물을 넣고 고루 섞는다.

3 1을 2에 넣는다.

4 나무주걱으로 두 재료가 끈적끈적한 반죽이 될 때까지 잘 섞는다.

5 다른 큰 볼에 준비된 올리브오일의 1/3 정도를 볼 안에 바르고 끈적한 반죽을 넣는다. (A)

6 볼의 윗면을 다른 볼로 덮은 후 약 1시간 동안 발효시킨다.

7 발효 후 반죽을 두 번 접는다.

8 다시 볼을 작은 볼로 덮어둔다. (B)

9 위의 6~8을 세 번 반복하는데, 발효 전에 반죽이 볼 바닥에 들러붙는 것을 방지하기 위해 올리브오일을 조금씩 넣는다.

10 마지막 단계에서 반죽의 크기가 많이 부풀고 공기방울이 형성된다. (C)

11 준비된 철판에 반죽을 올려놓는데, 형성된 공기방울이 손상되지 않도록 조심히 다룬다.

12 윗면을 덮어서 약 10분간 둔다.

13 손가락 끝으로 반죽을 눌러 납작하고 넓은 사각형 모양으로 만든다. (D)

14 다시 반죽을 10분간 휴지시킨다.

15 준비된 토핑을 포카치아 반죽 위에 지그시 눌러서 올린다. 만약 올리브 종류를 토핑으로 사용한다면, 아래 사진과 같이 포카치아의 한쪽 면에 올리고 반으로 접어 눌러준다. 이렇게 하면 올리브가 오븐에서 타는 것을 막을 수 있다. 토핑을 뿌린 위에는 올리브오일을 조금씩 바른다.
(E)(F)(G)(H)

16 반죽이 2배로 부풀도록 약 20분간 발효시킨다.

17 반죽이 부푸는 동안 오븐을 240℃로 예열한다.

18 포카치아를 예열된 오븐에서 약 15~20분간 황갈색이 날 때까지 굽는다.
*포카치아를 만들 때는 스팀을 위한 물이 필요하지 않다. 포카치아 반죽 자체가 충분한 수분을 갖고 있기 때문이다.

19 빵이 제대로 구워졌는지 알아보기 위해 빵의 뒷면을 톡톡 두드려 빈 소리가 나는지를 확인한다.

20 더 구워야 하면 오븐에 넣어 몇 분 더 굽는다. 다 구웠으면 식힘망에 올려 식힌다.

E   F   G   H

올리브 허브빵

OLIVE AND HERB BREAD

올리브는 나의 인생에 영향을 끼친 식재료 중 하나이다— 나의 아버지는 그리스인답게 현재까지 올리브를 수확하여 피클을 담그신다. 올리브는 빵에 훌륭한 풍미를 제공하는 재료이기도 하다.

재료(1개 기준)

씨를 뺀 그린올리브 또는 그린피멘토올리브 40 g(1/4컵)
씨를 뺀 블랙올리브 40 g(1/4컵)
허브믹스 1t
강력분 250 g(2컵)
소금 4 g(3/4 t)
생이스트 3 g 또는 드라이이스트 2 g(3/4 t)
따뜻한 물 180 g(180 mL, 3/4컵)

도구

철판에 유산지를 깔아 준비

1 올리브와 허브믹스를 잘 섞어 준비한다.

2 작은 볼에 밀가루와 소금을 섞어 준비한다.

3 큰 볼에 계량한 이스트와 따뜻한 물을 넣고 고루 섞는다.

4 2를 3에 넣는다.

5 모든 재료가 잘 혼합되도록 나무주걱으로 섞다가 손으로 반죽을 한 덩어리로 뭉친다.

6 반죽이 담긴 볼을 작은 볼로 덮는다.

7 반죽을 10분간 그냥 둔다.

8 준비한 올리브재료들을 반죽에 넣는다. 올리브재료들이 골고루 섞일 때까지 20쪽의 10(반죽 누르기)을 반복한다.

9 다시 반죽을 덮어 10분간 둔다.

10 8과 9를 두 번 반복한 후 8의 과정을 한 번 더 한다. 반죽이 담긴 볼을 다시 덮은 후 1시간 발효시킨다.

11 반죽이 2배로 부풀면 주먹으로 눌러 가스를 빼낸다. (A)

12 깨끗한 작업대 위에 덧가루를 뿌린다.

13 반죽을 작업대 위에 올리고 천천히 잡아당겨 길쭉한 직사각형모양을 만든다. (B)

14 반죽 왼쪽 부분을 잡아 오른쪽으로 1/3부분에 접는다. (C)

15 반죽의 오른쪽 부분을 잡아 나머지 1/3부분 위로 접는다. (D)

16 접혀진 반죽을 살짝 눌러 접합부분을 붙인다. 이제 반죽이 직사각형 모양이 된다.

17 반죽을 준비된 철판 위에 올리고, 반죽 위에 덧가루를 뿌린다. (E)

18 반죽이 2배로 부풀 때까지 약 30~45분간 덮어둔다.

19 굽기 약 20분 전에 오븐의 아랫부분에 로스팅팬을 넣고, 오븐을 240℃로 예열한다. 빵에 수분을 제공할 물 1컵도 따로 준비한다.

20 다 부풀었으면 빵 반죽을 덮었던 볼이나 위생백을 걷어낸다.

21 예열된 오븐에 준비된 반죽을 넣고 예열된 로스팅팬에 물을 부어 온도를 200℃로 낮춘다.

22 약 35분간 황갈색이 날 때까지 굽는다.

23 빵이 제대로 구워졌는지 알아보기 위해 빵의 뒷면을 톡톡 두드려 빈 소리가 나는지를 확인한다.

24 더 구워야 한다면 오븐에 넣은 후 몇 분 더 굽는다. 다 구웠으면 식힘망에 올려 식힌다.

A　　B　　C　　D　　E

재료(작은 크기 1개 기준)

맥아가루 250 g(2컵)

*직접 제조법 : 강력분 1컵, 잡
곡믹스(또는 호밀가루) 2/3컵,
맥아후레이크 1/3컵

소금 6 g(1t)

다진 호두 75 g(3/4컵)

생이스트 3 g 또는 드라이이
스트 2 g(3/4t)

따뜻한 물 180 g(180 mL, 3/4컵)

도구

철판에 유산지를 깔아 준비

호두빵
WALNUT BREAD

호두는 빵에 특유한 향미와 맛을 더해주는 값비싼 식재료이며, 치즈와도 좋은 궁합을 이루고 주말 브런치로 어울리는 빵이다.

1 작은 볼에 밀가루와 소금, 호두를 잘 섞어 준비한다.

2 큰 볼에 계량한 이스트와 따뜻한 물을 넣고 이스트가 녹을 때까지 섞는다.

3 1을 2에 넣고 나무주걱으로 잘 섞은 후 손으로 반죽을 한 덩어리로 뭉친다.

A

B

C

D

E

F

4 반죽이 담긴 볼을 작은 볼로 덮는다.

5 반죽을 약 10분간 둔다.

6 10분 후에 20쪽의 10을 참고하여 반죽 누르기를 한다.

7 반죽을 다시 덮어 10분간 둔다.

8 6과 7을 두 번 반복한 후 6을 한 번 더 한다. 반죽이 담긴 볼을 덮은 후 1시간 동안 발효시킨다.

9 공기를 충분히 차단시킬 수 있는 볼 또는 비닐로 반죽을 덮는다. 타월 같은 재료는 공기가 들어갈 수 있어 반죽의 겉면이 마를 수 있다. (A)

10 반죽을 주먹으로 눌러 가스를 빼내고, 작업대 위에 덧가루를 뿌린다.

11 반죽을 작업대 위에 올리고 손으로 둥글린다. (B)

12 반죽을 매끈하고 둥근 디스크 모양으로 만든 후 손가락으로 가운데에 구멍을 낸다. (C)

13 구멍을 조금 크게 넓힌다. 링 모양의 반죽을 준비된 철판 위에 올린다. (D)
*구웠을 때 구멍이 줄어들 수 있어요!

14 반죽이 2배로 부풀 때까지 약 30~45분간 덮어둔다.

15 굽기 약 20분 전에 오븐의 아랫부분에 로스팅팬을 넣고, 오븐을 240℃로 예열한다. 빵에 수분을 제공할 물 1컵도 따로 준비한다.

16 다 부풀었으면 반죽을 덮은 볼 또는 위생백을 건어낸다. 반죽 위에 덧가루를 뿌린다. (E)

17 톱날칼을 이용해 반죽 위에 정사각형 모양으로 칼집을 낸다. (F)

18 예열된 오븐에 준비된 반죽을 넣고 예열된 로스팅팬에 물을 부어 온도를 200℃로 낮춘다.

19 약 30분간 황갈색이 날 때까지 굽는다.

20 빵이 제대로 구워졌는지 알아보기 위해 빵의 뒷면을 톡톡 두드려 빈 소리가 나는지를 확인한다.

21 더 구워야 하면 오븐에 넣어 몇 분 더 굽는다. 다 구웠으면 식힘망에 올려 식힌다.

피칸 건포도빵
P E C A N   R A I S I N   B R E A D

아메리칸 호두 계열인 피칸과 골든 레이즌은 제빵에서 좋은 맛의 궁합을 형성하는 충전물이다. 이 레시피는 런던의 사보이 지역에서 일하던 때에 직접 배운 노하우이며, 이 지역에서 특히 점심과 저녁에 즐겨먹는 빵이기도 하다.

재료(작은 크기 1개 기준)

다진 피칸 35 g(1/3컵)
골든 레이즌 35 g(1/3컵)
*골든레이즌 대신 설타나 사용해도 됨
강력분 200 g(12/3컵)
통밀가루 50 g(1/3컵)
소금 5 g(1t)
생이스트 3 g 또는 드라이이스트 2 g(3/4t)
따뜻한 물 180 g(180 mL, 3/4컵)

도구

철판에 유산지를 깔아 준비

1 다진 피칸과 골든 레이즌을 섞어 준비한다.

2 작은 볼에 밀가루와 소금을 섞어 준비한다.

3 큰 볼에 계량한 이스트와 따뜻한 물을 넣고 고루 섞는다.

4 2를 3에 넣는다.

5 나무주걱으로 모든 재료를 잘 섞은 후 손으로 반죽한다.

6 반죽이 담긴 볼을 작은 볼로 덮는다.

7 반죽을 약 10분간 둔다.

8 10분 후에 1을 반죽에 섞는다. 20쪽의 10(반죽 누르기)처럼 재료들이 골고루 섞일 때까지 반죽한다. 단, 반죽을 너무 세게 눌러 건포도가 으깨지지 않도록 주의한다.

9 다시 반죽을 덮어 10분 동안 둔다.

10 8과 9를 두 번 반복한 후 8을 한 번 더 한다. 다시 반죽이 담긴 볼을 덮어 약 1시간 동안 발효시킨다.

11 반죽이 2배로 부풀었으면 주먹으로 눌러 가스를 내뺀다.

12 깨끗한 작업대 위에 덧가루를 뿌린 후 반죽을 올려놓는다.

13 반죽의 가장자리를 들어 가운데 부분으로 반죽접기를 한다. 나머지 반대쪽도 가운데로 접는다. (A)(B)

14 반죽을 소시지 모양으로 길쭉하게 굴린다. 반죽의 양쪽 가장자리 부분이 점점 가늘어지게 만든다. (C)

15 반죽 위에 덧가루를 뿌리고 톱날칼로 반죽 표면에 사선 모양으로 칼집을 낸다. (D)

16 유산지를 깐 철판에 반죽을 올린 후 표면을 덮어 크기가 2배 정도로 커질 때까지 약 30~45분간 둔다.

17 굽기 약 20분 전에 오븐의 아랫부분에 로스팅팬을 넣고, 오븐을 240℃로 예열한다. 빵에 수분을 제공할 물 1컵도 따로 준비한다.

18 부풀기가 끝난 반죽을 덮은 볼 또는 위생백을 걷어낸다.

19 예열된 오븐에 반죽을 넣고, 예열된 로스팅팬에 물을 부어 온도를 200℃로 낮춘다.

20 약 30분간 빵이 황갈색이 날 때까지 굽는다.

21 빵이 제대로 구워졌는지 알아보기 위해 빵의 뒷면을 톡톡 두드려 빈 소리가 나는지를 확인한다.

22 더 구워야 하면, 다시 오븐에 넣어 몇 분 더 구운 후 식힘망에 올려 식힌다.

A   B   C   D

맥주빵

BEER BREAD

맥주빵을 만들 때 특별히 네틀 에일 맥주(네들은 허브의 종류로 쐐기풀을 뜻함)를 즐겨 사용하지만 여러 종류의 맥주를 재료로 사용해도 무방하다. 맥주는 반죽에 수분을 제공할 물 대신에 사용되며, 반죽의 부피를 더 팽창시키는 요소가 된다. 슬라이스 치즈와 처트니 소스를 바른 샌드위치 빵으로 좋다.

A

B

C

D

E

재료(4개 기준)

맥아가루 400g(3 1/4컵)
*직접제조법:강력분 2컵, 잡곡믹스(또는 호밀
가루) 3/4컵, 맥아 후레이크 1/2컵을 혼합하여
사용
소금 10g(1t)
맥아가루 또는 강력분 200g(1 2/3컵)
생이스트 2g 또는 드라이이스트 1g(1/4t)
오가닉 에일 또는 그 외 맥주 200g(200mL)
생이스트 4g 또는 드라이이스트 2g(3/4t)
오가닉 에일 또는 그 외 맥주 200g(200mL)
토핑용 오트밀 약간

도구

발효바스켓(900g) 준비
철판에 유산지를 깔아서 준비

1 중간 크기의 볼에 맥아가루(400g)를 체에 내리고 체에 걸러지지 않은 것은 따로 쟁반에 담아둔다.

2 소금과 체에 내린 맥아가루를 섞는다.

3 작은 볼에 맥아가루(200g)를 체에 내리고 남은 것들 또한 따로 분리한다.

4 큰 볼에 이스트와 맥주(200g)를 넣고 이스트가 녹을 때까지 섞는다.
*남은 맥주는 두 번째 반죽할 때 사용하기 위해 냉장고가 아닌 서늘한 공간에서 보존한다. **(A)**

5 체에 내린 맥아가루(200g)을 4에 섞는다. **(B)(C)**

6 볼을 덮은 후 하루 동안 발효시킨다.

7 다음 날 작은 볼에 이스트와 남은 맥주(200g)를 넣고 이스트가 녹을 때까지 섞는다(맥주의 김이 빠진 것은 큰 문제가 되지 않는다). 하루 동안 발효시킨 반죽에 넣고 섞는다.

8 2를 7에 넣고 나무주걱으로 잘 섞어준다. **(D)(E)**

9 반죽이 담긴 볼을 작은 볼로 덮어 10분간 둔다.

10 10분 후에 20쪽의 10(반죽 누르기)처럼 반죽한 후 다시 덮어 10분간 둔다.

11　10을 세 번 반복한다. 단, 마지막 발효는 1시간 동안 한다. (F)

12　반죽이 2배로 부풀었으면 덧가루를 뿌린 작업대 위에 반죽을 올린다.

13　반죽 덩어리를 스크레이퍼로 4등분한다. (G)

14　각 반죽을 매끈한 공 모양이 될 때까지 손 사이에서 둥글리기 한다. (H)

15　토핑을 위해 따로 체에 내린 맥아후레이크 또는 오트밀을 준비한다.

16　둥근 반죽 위에 토핑 후레이크를 올린 후 토핑 부분이 아래쪽으로 향하게 발효바스켓에 담는다. (I)

17　반죽 크기가 약 2배로 부풀 때까지 30~45분간 발효시킨다. (J)

18　굽기 약 20분 전에 오븐의 아랫부분에 로스팅팬을 넣고, 오븐을 240℃로 예열한다. 빵에 수분을 제공할 물 1컵도 따로 준비한다.

19　발효바스켓을 뒤집어 브레드보드 위에 올린 후 베이킹 스톤에 넣고 준비된 물과 함께 굽기 시작한다. 온도는 200℃로 낮춘다. (K)

20　약 30분 동안 황갈색이 날 때까지 굽는다.

21　빵이 제대로 구워졌는지 알아보기 위해 빵의 뒷면을 톡톡 두드려 빈 소리가 나는지를 확인한다.

22　더 구워야 하면, 다시 오븐에 넣어 몇 분 더 구운 후 꺼내 식힘망에 올려 식힌다.

F　G　H

I　J　K

풀리쉬 바게트

BAGUETTES MADE WITH POOLISH

이번에는 전통적인 바게트 만드는 방법 중 하나인 '풀리쉬'(하루 동안 상온 발효시킨 밑반죽)를 이용한 제빵과정
을 소개한다. 풀리쉬는 제품의 향, 맛, 질감을 결정하는데 중요한 요소로 작용한다.

재료(3개 기준)

생이스트 2 g 또는 드라이이
스트 1 g(1/4 t)
따뜻한 물 125 g(125 mL, 1/2컵)
중력분 125 g(1컵)
중력분 300 g(2 1/3컵)
*French T-55 flour
소금 5 g(1 t)
생이스트 2 g 또는 드라이이
스트 1 g(1/4 t)
따뜻한 물 140 g(140 mL, 1/2
컵과 1 T)

도구

발효용 리넨 또는 키친타월
철판에 유산지를 깔아 준비
브레드보드에 덧가루를 뿌려
서 준비(선택 사항)

1 큰 볼에 계량한 이스트와 따뜻한 물을 넣고 이스트가 녹을 때까지 젓는다. 중력분
(125 g)을 넣고 나무주걱으로 살짝 섞는다. 반죽이 담긴 볼을 작은 볼로 덮어 하루 동
안 상온 발효시킨다. 이것이 발효된 밑반죽인 '풀리쉬'이다.

2 다음날 작은 볼에 중력분(300 g)과 소금을 잘 섞어 준비한다.

3 다른 작은 볼에 나머지 이스트와 따뜻한 물을 넣고 고루 섞는다.

4 3을 1에 넣은 후 2도 넣고 손으로 반죽한다. (A)(B)

5 반죽이 담긴 볼을 작은 볼로 덮어 10분간 둔다.

6 10분 후 20쪽의 10(반죽 누르기)처럼 반죽 한다.

7 반죽이 담긴 볼을 다시 덮어 10분간 둔다.

8 6과 7을 두 번 반복한 후 다시 반죽 누르기를 한 번 더 한다. (C)

9 다시 반죽을 덮어 1시간 발효시킨다.

10 작업대 위에 덧가루를 뿌리고 반죽을 올려 주먹으로 눌러 가스를 빼낸 후 반죽을 3등분한다. (D)

11 각각의 반죽을 살짝 눌러 타원형으로 만든다. 반죽의 양 끝을 잡아당겼다가 가운데 방향으로 접는다. 반죽이 직사각형 모양이 되도록 한다. (E)(F)

12 반죽의 세로 1/3부분을 잡아당겨 가운데로 살짝 누르며 접는다. 반대쪽도 같은 방법으로 반죽 접기를 길쭉한 모양이 될 때까지 반복한다. (G)(H)

13 남은 반죽들도 12와 같은 방법으로 만든 후 반죽을 덮어(이음새 부분이 아래로 향하게) 15분간 둔다. (I)

14 반죽을 뒤집어 가볍게 누른 후 반죽의 오른쪽 윗부분의 1/3을 가운데로 접어 누른다. 왼쪽 윗부분도 같은 방법으로 반복한다. 둥근 통모양이 될

때까지 반복한다. (J)(K)

15 철판에 맞는 길이가 되도록 손으로 반죽을 굴려 길게 만든다. (L)

16 발효 리넨에 덧가루를 뿌린 후 철판 위에 올린다. 반죽을 이음새 부분이 위로 향하게 리넨 위에 놓고 리넨으로 칸막이 모양을 만들어 반죽들이 서로 들러붙지 않게 한다. (M)

17 반죽 표면을 덮어준 후 2배로 부풀될 때까지 1시간 발효시킨다. (N)

18 굽기 약 20분 전에 오븐의 아랫부분에 로스팅팬을 넣고, 오븐을 240℃로 예열한다. 빵에 수분을 제공할 물 1컵을 따로 준비한다.

19 다 부풀었으면 브레드보드로 반죽을 철판으로 옮긴다. 반죽 표면에 덧가루를 뿌린 후 톱날칼로 윗면에 칼집을 넣는다. (O)(P)

20 예열된 오븐에 반죽을 넣고 예열된 로스팅팬에 물을 붓는다.

21 약 10~15분간 황갈색을 낼 때까지 굽는다. 빵이 제대로 구워졌는지 알아보기 위해 빵의 뒷면을 톡톡 두드려 빈 소리가 나는지를 확인한다.

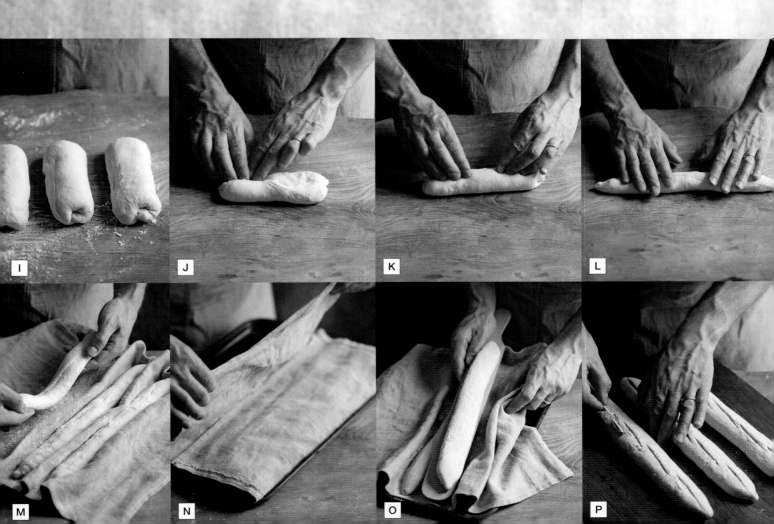

I J K L

M N O P

츠레키

T S O U R E K I 그 리 스 부 활 절 빵

'츠레키'는 그리스에서 부활절에 즐겨먹는 빵으로 특유의 단맛이 특징이다. 그리스에서 일할 때 츠레키와 츠레키 토핑으로 사용하는 빨간색으로 물들인 삶은 달걀을 많이 만들었다. 어린 시절 부활절에 먹었던 추억의 빵이기도 하다.

재료(작은 크기 1개 기준)

생이스트 4g 또는 드라이이스트 2g
따뜻한 물 50g(50mL, 1/4컵)
강력분 40g(1/3컵)
버터 30g(2T)
*가염 또는 무염
설탕 80g(1/3컵)
오렌지 제스트 1/2개
갈은 블랙체리씨앗 4g(1t)
카다멈가루 4g(1t)
중간 크기 달걀 1개
강력분 200g(1 2/3컵)
달걀물
*중간 크기 달걀 1개 풀어서 소금 약간 첨가

도구

식빵틀(500g)에 식물성 오일을 발라서 준비
철판에 유산지를 깔아서 준비

1 큰 볼에 계량한 이스트와 따뜻한 물을 넣고 이스트가 녹을 때까지 젓는다. 밀가루 40g을 넣고 나무주걱으로 잘 섞는다. 이것이 밑반죽이다.

2 반죽이 담긴 볼을 덮은 후 반죽이 2배로 부풀 때까지 약 30분간 시원한 곳에 둔다.

3 반죽이 부풀 동안 냄비에 버터를 녹인다.

4 3에 설탕을 넣고 약불로 줄이고 나무주걱으로 섞는다.

5 설탕이 다 녹으면 불을 끄고 오렌지제스트와 향신료를 넣어 섞은 후 가끔 저어주며 충분히 식힌다.

6 달걀을 풀어서 5에 넣고 골고루 섞는다.

7 밑반죽이 발효되었으면(스펀지 느낌), 강력분(200g)과 6을 넣고 함께 섞는다. 반죽이 점점 뻑뻑해짐을 느낄 수 있다.

8 반죽을 덮어 10분간 둔다.

9 20쪽의 10(반죽 누르기)처럼 반죽 한다.

10 다시 반죽을 덮어 10분간 둔다.

11 9와 10을 두 번 반복한 후 다시 10을 한 번 더 한다.

12 반죽이 담긴 볼을 덮어 부풀 때까지 1시간 발효시킨다.

13 반죽이 2배로 부풀었으면 주먹으로 눌러 가스를 빼낸다.

14 깨끗한 작업대 위에 덧가루를 뿌린다. 반죽을 작업대 위에 올려 4등분한다.

15 반죽을 소시지처럼 약 25cm 길이로 굴려서 끝으로 갈수록 가늘어지게 만든다. 반죽을 나란히 정렬한 후 반죽 끝부분을 이어 'V'자 모양을 만든다. 사진을 참고하여 빵 반죽 땋기를 한다.

16 굽는 과정에서 풀어지지 않게 촘촘히 땋아 철판에 놓는다.

17 반죽을 덮어 2배로 부풀 때까지 약 30~45분간 발효시킨다.

18 굽기 약 20분 전에 오븐의 아랫부분에 로스팅팬을 넣고, 오븐을 240℃로 예열한다. 빵에 수분을 제공할 물 1컵도 따로 준비한다.

19 다 부풀었으면 달걀물을 반죽 표면에 골고루 발라준다.

20 예열된 오븐에 반죽을 넣고 예열된 로스팅팬에 물을 부어 온도를 200℃로 낮춘다.

21 약 20분간 황갈색이 날 때까지 굽는다.

22 빵의 뒷면을 톡톡 두드려 빈 소리가 나는지를 확인한다. 다 구워졌으면 식힘망에 올려 식힌다.

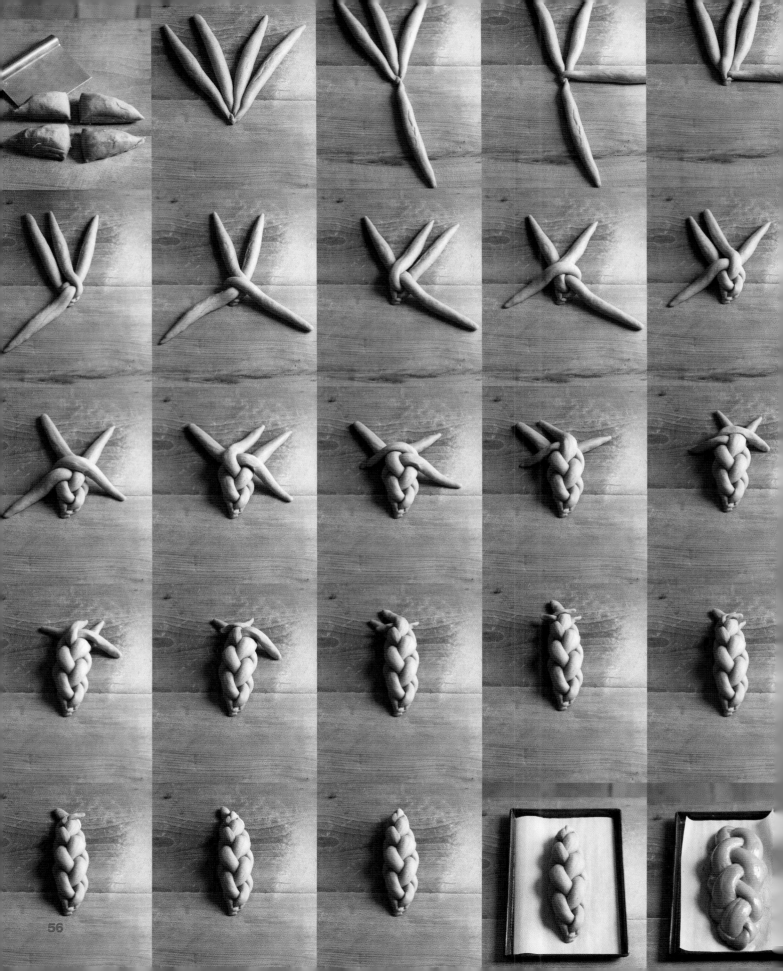

할라
C H A L L A H

할라는 유대인들이 안식일에 먹는 빵으로 달팽이 모양으로 꼬아 만들거나 4~6개 가닥을 길게 땋아 꽈배기 모양으로 만들 수 있다. 할라는 부드러운 맛이 일품이며, 소스나 달콤한 음식 등과 함께 먹을 수 있다.

재료(작은 크기 1개 기준)

강력분 250 g(2컵)
소금 4 g(3/4t)
설탕 15 g(1T)
생이스트 6 g 또는 드라이이스트
3 g(1t)
따뜻한 물 80 g(80 mL, 1/3컵)
달걀노른자 1개

중간 크기 달걀 1개
해바라기유 20 g(20 mL, 1T)
달걀물
*중란 1개 풀어서 소금 약간 첨가
토핑용 참깨 또는 양귀비씨

도구

철판에 유산지를 깔아서 준비

1 작은 볼에 밀가루, 소금, 설탕을 넣고 섞는다.

2 큰 볼에 계량한 이스트와 따뜻한 물을 넣고 고루 섞는다.

3 달걀노른자와 달걀 1개를 잘 풀어준 후 2를 섞는다.

4 1을 3에 넣는다.

5 나무주걱으로 섞은 후 잘 뭉쳐질 때까지 해바라기유를 넣으며 반죽한다.

6 반죽이 담긴 볼을 작은 볼로 덮는다.

7 10분간 상온에 둔다.

8 20쪽 10을 참고하여 반죽 누르기를 한다.

9 다시 반죽을 덮어 10분간 둔다.

10 8과 9를 두 번 반복한 후 다시 8을 한 번 더 한다.

11 반죽이 담긴 볼을 덮어 1시간 동안 발효시킨다.

12 반죽이 2배로 부풀었으면 주먹으로 눌러 가스를 빼낸다.

13 깨끗한 작업대 위에 덧가루를 뿌리고 반죽을 놓는다.

14 반죽을 소시지처럼 굴려서 끝으로 갈수록 가늘어지게 만든다.
*다른 방법: 반죽을 4등분 또는 6등분하여 긴 소시지 모양으로 만들어 땋는다.

15 긴 반죽을 달팽이모양을 돌돌 말아 끝 부분은 안으로 밀어 넣은 후 준비해 둔 철판 위에 놓는다. (A)

16 달걀물을 브러시로 반죽 표면에 바른다. (B)

17 참깨를 반죽 표면 위에 골고루 뿌린다. (C)

18 반죽을 덮고 2배 정도로 부풀 때까지 약 30~45분간 발효시킨다. (D)

19 굽기 약 20분 전에 오븐의 아랫부분에 로스팅팬을 넣고, 오븐을 240℃로 예열한다. 빵에 수분을 제공할 물 1컵도 따로 준비한다.

20 예열된 오븐에 반죽을 넣고, 예열된 로스팅팬에 물을 부어 온도를 200℃로 낮춘다.

21 빵 겉면이 황갈색이 날 때까지 약 20분간 굽는다.

22 빵이 제대로 구워졌는지 알아보기 위해 빵의 뒷면을 톡톡 두드려 빈 소리가 나는지를 확인한다.

23 더 구워야 하면, 다시 오븐에 넣어 몇 분 더 구운 후 식힘망에 올려 식힌다.

A

B

C

D

베이글
B A G E L S

전통적인 베이글은 크림치즈와 훈제연어를 속에 넣어 먹었지만 요즘은 샌드위치부터 달콤한 디저트 종류까지 다양한 맛과 종류로 판매하고 있다. 베이글 만드는 과정 중 물에 삶는 과정은 제빵에 있어서 독특한 방법이지만 베이글 특유의 쫄깃한 식감을 형성한다.

재료(9개 기준)

강력분 500 g(4컵)

소금 10 g(2t)

설탕 20 g(4t)

버터 25 g(2T)

*무염 또는 가염

생이스트 5 g 또는 드라이이
스트 3 g(1t)

따뜻한 물 240 g(240 mL,
1컵)

중간 크기 달걀 1개 풀어서 준비

소금 5 g(1t)

달걀물

*중간 크기 달걀 1개 풀어서
소금 약간 첨가

토핑용 참깨 또는 양귀비씨(선
택 사항)

도구

유산지를 깐 철판 준비

중간 크기(2 L) 냄비 1개

1 작은 볼에 밀가루, 소금, 설탕, 버터를 넣고 섞는다.

2 큰 볼에 계량한 이스트와 따뜻한 물을 넣고 고루 섞
는다.

3 달걀 1개를 풀어서 2에 넣고 섞는다.

4 1을 3에 넣는다.

5 나무주걱으로 잘 섞는다.

6 반죽이 담긴 볼을 작은 볼로 덮어 10분 동안 둔다.

7 20쪽 10을 참고하여 반죽 누르기를 한다.

8 다시 반죽을 덮어 10분간 둔다.

9 7과 8을 두 번 반복한 후 다시 7을 한 번 더 한다.

10 반죽이 담긴 볼을 덮어 1시간 동안 발효시킨다.

11 반죽이 2배로 부풀었으면 주먹으로 눌러 가스를 빼낸다.

12 깨끗한 작업대 위에 덧가루를 뿌리고 반죽을 놓는다.

13 반죽을 스크레이퍼로 9등분한다. 각각의 반죽을 둥글
린다.

14 손가락으로 반죽 가운데를 눌러 구멍을 만든다. (A)

15 반죽을 철판 위에 올리고 덮어 10분간 둔다. (B)

16 물이 반 정도 든 냄비에 소금(5 g)을 넣고 끓인다.

17 물이 끓는 냄비에 반죽을 넣고 반죽이 떠오를 때까지
끓인다.

18 반죽을 뒤집어 약 5분간 더 끓인다. (C)

19 데쳐낸 반죽은 철판로 옮겨 서서히 식힌다.

20 굽기 약 20분 전에 오븐의 아랫부분에 로스팅팬을 넣
고, 오븐을 240℃로 예열한다. 빵에 수분을 제공할 물 1컵
도 따로 준비한다.

21 반죽 표면에 달걀물을 바른다.

22 달걀물이 묻은 반죽 부분을 참깨 또는 양귀비씨앗이
담긴 그릇에 살짝 찍었다가 철판에 올린다. (D)

23 예열된 오븐에 반죽을 넣고, 예열된 로스팅팬에 물을
부어 온도를 200℃로 낮춘다.

24 약 15분간 겉면이 황갈색이 날 때까지 굽는다.

25 빵이 제대로 구워졌는지 알아보기 위해 빵의 뒷면을 톡
톡 두드려 빈 소리가 나는지를 확인한다.

26 더 구워야 하면 오븐에 넣어 몇 분 더 굽는다. 다 구웠
으면 식힘망에 올려 식힌다.

피타빵

P I T A   B R E A D S

피타빵은 오븐 속에 들어가면 뻥튀기처럼 재빨리 부풀어 올라 굽는 재미를 선사하는 빵이다. 빵을 잘라 주머니처럼 단면을 만든 후 각종 재료를 얹어 먹기도 한다.

재료(미니 크기 6개 기준)

강력분 200 g(12/3컵)
소금 4 g(3/4t)
생이스트 2 g 또는 드라이이스트
1 g(1/4t)

따뜻한 물 120 g(120 mL, 1/2컵)

도구

로스팅팬 준비

1 작은 볼에 밀가루와 소금을 잘 섞어 준비한다.

2 큰 볼에 계량한 이스트와 따뜻한 물을 넣고 이스트가 녹을 때까지 섞는다.

3 1을 2에 넣는다.

4 나무주걱으로 잘 섞은 후 손으로 반죽한다.

5 작은 볼로 반죽이 담긴 볼을 덮고 10분간 둔다.

6 20쪽 10을 참고하여 반죽 누르기를 한다.

7 다시 반죽을 덮어 10분간 둔다.

8 6과 7을 두 번 반복한 후 다시 6을 한 번 더 한다. (A)

9 반죽이 담긴 볼을 덮어 1시간 동안 발효시킨다.

10 반죽이 2배로 부풀었으면 주먹으로 눌러 가스를 빼낸다.

11 깨끗한 작업대 위에 덧가루를 뿌리고 반죽을 놓는다.

12 반죽을 스크레이퍼로 6등분한다. (B)

13 각각의 반죽을 손으로 둥글리기 한다. (C)

14 반죽을 덮어 10분간 둔다.

15 오븐을 240℃로 예열하고, 로스팅팬도 가운데 선반에 넣어 같이 예열한다.

16 둥근 반죽을 밀대로 납작하게 만든 후 반죽을 비닐로 덮어 10분간 발효시킨다. (D)(E)

17 반죽이 부풀었으면 덧가루를 뿌려 예열된 로스팅팬에 놓는다.

18 부풀어 오를 때까지 굽는다. 반죽마다 부풀어 오르는 시간이 다르므로 잘 지켜본다. 둥근 모양이 아니라도 상관없다. 부풀어 오른다는 것 자체가 중요하다. (F)

19 구운 피타빵을 식힘망에 올려 식히고 표면이 마르지 않도록 따로 담아 보관한다.

* '행복한 취미생활 DIY(http://cafe.never.com.diytp)' 카페 게시판에 있는 동영상을 참고하세요!

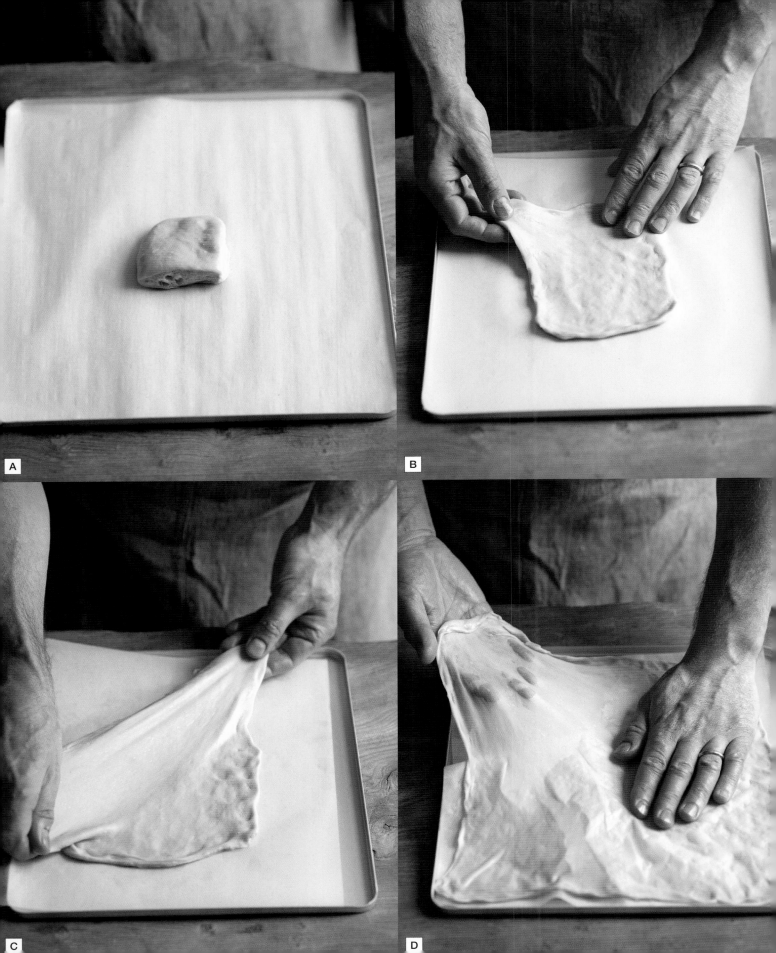

A

B

C

D

E

F

아르마니아식 납작빵
ARMENIAN FLATBREADS

과자같이 바삭한 질감과 맛을 지닌 이 빵은 다른 식재료를 올려 간단한 식사대용으로 먹거나 와인과 어울리는 훌륭한 스낵 또는 애피타이저용 빵이다.

재료(24개 기준)

올리브오일 30 g(30 mL, 2T)
물 30 g(30 mL, 2T)
으깬 마늘 1쪽
강력분 160 g(11/4컵)
소금 5 g(1t)
올리브오일 50 g(50 mL, 3T)
물 75 g(75 mL, 1/3컵)
양파 슬라이스 1/2개

토핑용

양귀비씨앗
검은 양파 씨앗
참깨 씨앗

도구

철판 4개에 유산지를 깔아
준비

1 올리브오일(30 g), 물(30 g), 으깬 마늘을 작은 볼에 넣고 골고루 섞는다.

2 더 작은 볼에 밀가루와 소금을 섞어둔다.

3 다른 작은 볼에 올리브오일(50 g), 물(75 g)을 섞은 후 2를 넣고 반죽한다.

4 반죽이 담긴 볼을 작은 볼로 덮는다.

5 5분간 상온에 둔다.

6 20쪽 10을 참고하여 반죽 누르기를 한다.

7 다시 반죽을 덮어 5분간 둔다.

8 6과 7을 두 번 반복한 후 다시 6을 한 번 더 한다.

9 반죽이 담긴 볼을 덮어 30분간 발효시킨다.

10 발효 후 스크레이퍼로 4등분한다.

11 유산지를 간 철판 4개를 준비한다.

12 철판 가운데 반죽 1개를 놓고 손으로 넓게 편 후 모서리를 잡고 바깥쪽으로 당긴다. (A)(B)

13 반죽을 철판 크기에 맞게 얇은 직사각형 모양이 될 때까지 잡아당긴다. (C)(D)

14 반죽을 15분간 발효시키고 오븐을 180℃로 예열한다.

15 반죽이 발효될 동안 나머지 반죽들도 잡아당겨 모양내기를 한다. 반죽이 마르기 시작하면 모양내기를 멈추고 몇 분간 발효시킨다.

16 모든 반죽이 발효되었으면 브러시로 1을 반죽 표면에 바른다. (E)

17 스크레이퍼로 반죽을 6등분한다. (F)

18 양파슬라이스와 씨앗믹스를 반죽 전체에 뿌린다.

19 5~10분간 황갈색이 날 때까지 굽는다.

20 다 구운 빵은 식힘망에 올려 식힌다.

WHEAT-FREE OR GLUTEN-FREE BREADS
밀 FREE 빵과 글루텐 FREE 빵

검은 호밀빵
DARK RYE BREAD

독일식 제빵인 호밀빵은 특유의 맛과 영양적인 가치로 많은 고객들에게 사랑받는 인기 메뉴이다. 이 레시피로 100% 검은 호밀빵을 만들 수 있다.

검은 호밀빵(중간 크기 1개 기준)

검은 호밀가루 150 g(1 1/4컵)
호밀사워종 100 g(1/2컵)
*만드는 법 11쪽 참고
찬물 200 g(200 mL, 3/4컵과 1T)
검은 호밀가루 200 g(1 1/3컵)
소금 6 g(1t)
뜨거운 물 150 g(150 mL, 2/3컵)

도구

식빵틀(500 g)에 식물성 오일을 발라서 준비

1 큰 볼에 검은 호밀가루(150 g), 호밀사워종, 찬물(200 g)을 잘 섞는다. 작은 볼을 뒤집어 반죽이 담긴 볼을 덮어 하루 동안 발효시킨다.

2 다음날 작은 볼에 호밀가루(200 g), 소금을 넣고 섞는다.

3 발효 반죽이 있는 큰 볼에 작은 볼에 담긴 재료를 넣어 표면을 덮는다. 바로 재료를 섞지 않도록 한다. (A)

A

B

C

D

E

F

4 뜨거운 물을 3에 넣는다. (B)

5 뜨거운 물과 호밀가루가 뭉치지 않게 나무주걱으로 재빨리 모든 재료를 섞는다. (C)

6 나무주걱으로 반죽을 식빵틀에 넣는다. (D)

7 플라스틱 스크레이퍼나 물에 살짝 적신 숟가락 뒷면으로 반죽 표면을 매끄럽게 만든다. (E)

8 반죽 표면에 덧가루를 살짝 뿌린다.

9 반죽을 덮어 2시간 동안 발효시킨다.

10 검은 호밀빵은 많이 부풀지 않기 때문에 반죽의 크기에 비해 식빵틀은 그리 크지 않아도 된다. (G)

11 굽기 약 15분 전에 오븐의 아랫부분에 로스팅팬을 넣고, 오븐을 240℃로 예열한다. 빵에 수분을 제공할 물 1컵도 따로 준비한다.

12 발효가 끝났으면 반죽의 덮개를 걷어낸다.

13 예열된 오븐에 반죽을 넣고, 예열된 로스팅팬에 물을 부어 온도를 220℃로 낮춘다.

14 약 30분간 황갈색이 날 때까지 굽는다.

15 식빵틀에서 빵을 꺼내 식힘망에 올려 식힌다. (H)

A

B

C

D

E

건자두
후추
호밀빵

PRUNE AND PEPPER RYE BREAD

이 빵을 한번 맛보게 되면 왜 건자두와 후추를 호밀빵의 속재료로 선택했는지를 알 수 있을 것이다. 건자두의 달콤함과 호밀의 시큼쌉싸름한 맛, 그리고 후추의 매운 맛이 한데 어우러져 미각을 자극하기에 충분하다!

재료(큰 크기 1개 기준)

검은 호밀가루 150 g(11/4컵)
호밀사워종 100 g(약 1/2컵)
*만드는 법 11쪽 참조
찬물 200 g(200 mL, 3/4컵과 1T)
검은 호밀가루 200 g(11/3컵)
소금 6 g(1t)
뜨거운 물 150 g(150 mL, 2/3컵)
씨를 뺀 다진 건자두 200 g(11/4컵)
분홍 통후추 1/2~1T

도구

식빵틀(900 g)에 식물성 오일을 발라서 준비

1 큰 볼에 검은 호밀가루(150 g), 호밀사워종, 찬물을 섞는다. (A)

2 작은 볼을 뒤집어 1을 덮어 하루 동안 발효시킨다.

3 발효 후 다른 볼에 호밀가루(200 g)와 소금을 넣고 섞는다.

4 발효 반죽이 있는 큰 볼에 작은 볼에 담긴 재료를 넣어 표면을 덮는다. 바로 재료를 섞지 않도록 한다. (B)

5 뜨거운 물을 4에 넣는다.

6 뜨거운 물과 호밀가루가 뭉치지 않게 나무주걱으로 재빨리 모든 재료를 섞는다. (C)

7 반죽에 건자두와 통후추(개인의 취향에 맞추어 양 조절)를 넣는다. (D)

8 나무주걱으로 반죽과 속재료를 잘 섞는다. (E)

9 71쪽 검은 호밀빵 만들기의 6부터는 방법이 같으므로 따라 한다.

*반죽 표면에 덧가루를 뿌리는 과정은 생략할 수 있다(선택 사항).

건포도 호밀빵
RAISIN RYE BREAD

과육의 맛과 당도가 특징적인 이 빵은 치즈와도 잘 어울린다. 이 빵의 당도를 위해서는 건포도나 커런트 보다는
설타나(골든 레이즌)를 넣는다. 건포도 호밀빵은 제빵시간 효율 대비 까다로운 미식가를 만족시키는 빵이다.

A B C D

E F G H

재료(큰 크기 1개 기준)

검은 호밀가루 150 g (1/4컵)
호밀사워종 100 g (약 1/2컵)
*만드는 법 11쪽 참고
찬물 200 g (200 mL, 3/4컵과
1T)
검은 호밀가루 200 g (11/3컵)
소금 6 g (1T)
골든 레이즌/설타나 200 g
(13/4컵)
뜨거운 물 150 g (150 mL, 2/3컵)

도구

식빵틀(900 g)에 식물성 오일
을 발라서 준비

1 큰 볼에 검은 호밀가루(150 g), 호밀사워종, 찬물을 섞는
다. 플라스틱 스크레이퍼 또는 스패출러로 나무주걱에 붙은
반죽과 볼 가장자리에 있는 반죽들을 하나로 뭉친다. 작은
볼을 뒤집어 반죽이 담긴 볼을 덮어 하루 동안 발효시킨다.
(A)(B)(C)(D)

2 다음날 작은 볼에 호밀가루(200 g), 소금, 골든 레이즌을
넣고 섞는다. (E)

3 발효 반죽이 있는 큰 볼에 작은 볼에 담긴 재료를 넣어
표면을 덮는다. 바로 재료를 섞지 않도록 한다.

4 뜨거운 물을 3에 넣는다. (F)

5 뜨거운 물과 호밀가루가 뭉치지 않게 나무주걱으로 재빨
리 모든 재료를 섞는다. (G)

6 나무주걱으로 반죽을 식빵틀에 넣는다.

7 플라스틱 스크레이퍼나 물에 살짝 적신 숟가락 뒷면으로
반죽 표면을 매끄럽게 만든다. (H)

8 반죽을 덮어 2시간 동안 발효시킨다.

9 굽기 약 15분 전에 오븐의 아랫부분에 로스팅팬을 넣고,
오븐을 240℃로 예열한다. 빵에 수분을 제공할 물 1컵도 따
로 준비한다.

10 발효가 끝났으면 반죽의 덮개를 걷어낸다.

11 예열된 오븐에 반죽을 넣고, 예열된 로스팅팬에 물을
부어 온도를 220℃로 낮춘다.

12 약 30분간 황갈색이 날 때까지 굽는다.

13 식빵틀에서 빵을 꺼내 식힘망에 올려 식힌다.

통호밀빵
WHOLEGRAIN RYE BREAD

전통식 호밀빵을 재해석한 레시피로 특유의 맛 때문에 호불호가 있을 수 있다. 거칠게 간 호밀가루나 통밀가루로 만들어 볼 수 있다. 이 빵을 만들 기위해서는 하루 동안의 발효과정과 8시간의 휴지가 필요하기 때문에 인내심이 필요하다. 아프리카의 남미비아에서 흔히 즐겨먹는 빵이기도 하다. 진정한 호밀빵으로서 특유의 맥아의 맛을 내기 위해서는 100℃ 온도에서 18시간 동안 구워야 한다.

재료(큰 크기 1개 기준)

거칠게 간 호밀가루 또는 통밀가루 350 g(2 1/3컵)
소금 6 g(1t)
호밀사워종 100 g(1/2컵)
*만드는 법 11쪽 참고
뜨거운 물 350 g(350 mL, 1 1/2컵)

도구

식빵틀(500 g)에 식물성 오일을 발라서 준비

1 작은 볼에 거칠게 간 호밀가루(또는 통밀가루), 소금을 섞는다.

2 큰 볼에 사워종과 물을 섞는다.

3 1을 2에 넣고 잘 섞는다. (A:통밀, B:호밀)

4 반죽이 있는 큰 볼을 작은 볼로 덮는다.

5 시원한 곳에서 반죽을 하루 동안 발효시킨다.

6 다음 날 나무주걱으로 반죽을 식빵틀에 넣는다.

7 플라스틱 스크레이퍼나 물에 살짝 적신 숟가락 뒷면으로 반죽 표면을 매끄럽게 만든다. (C:왼쪽-통밀, 오른쪽-호밀)

8 식빵틀을 랩으로 덮어 6~8시간 휴지시킨다.

9 반죽이 많이 부풀지는 않지만 표면에 공기방울이 생기는 것을 볼 수 있다.

*반죽의 부푸는 정도가 크지 않기 때문에 반죽의 크기에 비해 작은 식빵틀을 사용한다. (D:왼쪽-통밀, 오른쪽-호밀)

10 굽기 약 15분 전에 오븐의 아랫부분에 로스팅팬을 넣고, 오븐을 240℃로 예열한다. 빵에 수분을 제공할 물 1컵도 따로 준비한다.

11 발효가 끝났으면 반죽의 덮개를 걷어낸다.

12 예열된 오븐에 반죽을 넣고, 예열된 로스팅팬에 물을 부어 온도를 220℃로 낮춘다.

13 약 30분간 황갈색이 날 때까지 굽는다.

14 식빵틀에서 빵을 꺼내 식힘망에 올려 식힌다.

카뮤 스펠트 빵

KAMUT OR SPELT BREAD

카뮤와 스펠트는 야생종 밀의 종류로 단일종 밀의 조상격이라고 할 수 있다. 특유의 맛과 소화력으로 현대인에게 인기 있는 빵이기도 하다. 스펠트 가루가 카뮤 가루보다는 조금 더 구하기 수월하며, 카뮤 가루는 주로 오가닉 식품가게에서 구할 수 있다.

재료(큰 크기 1개 기준)

카뮤 가루 또는 스펠트 가루 300 g(2 1/2컵)

소금 6 g(1 t)

생이스트 3 g 또는 드라이이스트 2 g(3/4 t)

따뜻한 물 200~230 g(230 mL, 약 1컵)

도구

식빵틀(500 g)에 식물성 오일을 발라서 준비

1 작은 볼에 거친 밀가루와 소금을 넣어 섞는다.

2 큰 볼에 계량한 이스트와 따뜻한 물을 넣고 이스트가 녹을 때까지 섞는다.

*카뮤 가루를 이용할 경우에는 물의 양을 조금 줄일 필요가 있다.

3 1을 2에 넣고 나무주걱으로 잘 섞은 후 손으로 반죽한다.

4 반죽이 담긴 볼을 작은 볼로 덮어 10분간 둔다.

5 20쪽 10을 참고하여 반죽 누르기를 한다.

6 다시 반죽을 덮어 10분간 둔다.

7 5와 6을 두 번 반복한 후 다시 5를 한 번 더 한다.

8 주먹으로 반죽을 눌러 가스를 빼낸다.

9 깨끗한 작업대 위에 덧가루를 뿌린다.

10 반죽을 작업대 위에 올린다. (A)

11 반죽을 납작한 타원형 모양으로 만든 후 양쪽 끝을 가운데로 접는다. (B)(C)

12 반죽이 잘 봉합되도록 살짝 눌러 직사각형 모양으로 만든 후 다시 반죽 윗부분의 1/3부분을 당겨서 가운데로 접는다.

13 반죽을 반대로 뒤집어 12처럼 반죽 접기를 하여 식빵틀 크기에 맞는 모양을 만든다. (D)(E)(F)

14 반죽의 접힙 면을 아래쪽으로 하여 식빵틀에 넣는다. (G:왼쪽-카뮤, 오른쪽-스펠트)

15 반죽이 2배로 부풀 때까지 약 30~45분간 덮어둔다.

16 굽기 약 20분 전에 오븐의 아랫부분에 로스팅팬을 넣고, 오븐을 240℃로 예열한다. 빵에 수분을 제공할 물 1컵도 따로 준비한다.

17 발효가 끝났으면 반죽의 덮개를 걷어낸다. (H)

18 예열된 오븐에 반죽을 넣고, 예열된 로스팅팬에 물을 부어 온도를 220℃로 낮춘다.

19 약 35분간 빵이 황갈색이 날 때까지 굽는다. 완성된 빵은 식힘망에 올려 식힌다.

A

B

C

E F G H

글루텐 free 빵 (두 가지 응용법)

G L U T E N - F R E E   B R E A D
W I T H   T W O   V A R I A T I O N

대부분의 사람들은 다양한 개인의 취향에 따라 빵을 즐긴다. 여러 종류의 글루텐 free 빵이 알려져 있지만 이 레시피에서는 노하우가 담긴 응용법을 소개한다. 글루텐 free 빵을 만드는 과정에서는 휴지 과정이 필요하지만 글루텐을 형성할 필요가 없기 때문에 반죽과정은 생략한다.

플레인 글루텐 free 빵 (큰 크기 1개)

감자가루 150 g (1컵)
현미가루 150 g (1컵)
메밀가루 80 g (1/2컵과 1T)
거친 옥수수가루 80 g (1/2컵과 1T)
*coarse cornmeal
소금 10 g (2t)
생이스트 14 g 또는 드라이이스트 7g (21/4t)
따뜻한 물 360 g (360 mL, 11/2컵)

씨앗 글루텐 free 빵 (큰 크기 1개)

감자가루 100 g (2/3컵)
현미가루 100 g (2/3컵)
메밀가루 50 g (1/3컵)
메밀후레이크 150 g (1컵)
소금 10 g (2t)
해바라기씨앗 40 g (1/3컵)
호박씨앗 40 g (1/3컵)
아마씨앗 40 g (1/4컵)

참깨 20 g (2T)
양귀비씨앗 20 g (2 T)
생이스트 10 g 또는 드라이이스트 5 g (11/2t)
따뜻한 물 400 g (400 mL, 12/3컵)
블랙스트랩 또는 당밀 10 g (1T)

과일 글루텐 free 빵

감자가루 125 g (약 1컵 정도)
현미가루 125 g (약 1컵 정도)
메밀가루 75 g (2/3컵)
거친 옥수수가루 80 g (1/2컵과 1T)
*coarse cornmeal
소금 10 g (2t)
커런트 75 g (1/2컵)
설티나/골든 레이즌 75 g (1/2컵)
오렌지 1개 분량의 오렌지 제스트
레몬 1개 분량의 레몬 제스트

시나몬가루 1t
생강가루 1t
정향가루 약간
생이스트 10 g 또는 드라이이스트 5 g (11/2t)
따뜻한 물 300 g (300 mL, 11/4컵)
꿀 2t

도구

식빵틀 (900g)에 식물성 오일 발라서 준비

1 작은 볼에 곡물가루들과 소금을 섞는다. 씨앗이나 과일을 넣어 만들 경우에는 씨앗, 말린 과일, 과일 제스트와 향신료를 넣어서 같이 섞는다. (A)

2 큰 볼에 계량한 이스트와 따뜻한 물을 넣고 이스트가 녹을 때까지 섞는다. 씨앗이나 과일을 넣어 만들 경우 이 단계에서 당밀이나 꿀도 넣는다.

3 1을 2에 넣는다. (B)

4 나무주걱으로 섞어 요거트 정도의 농도로 만든다. 반죽이 뻑뻑하다면 물을 약간 넣는다. (C) (D)

5 비닐로 덮어 1시간 발효시킨다. (E)

6 반죽을 식빵틀에 넣는다. (F) (G)

7 반죽에 랩을 씌워 20~30분간 1~2 cm 정도 부풀 때까지 둔다. (H)

8 굽기 약 20분 전에 오븐의 아랫부분에 로스팅팬을 넣고, 오븐을 240℃로 예열한다. 빵에 수분을 제공할 물 1컵도 따로 준비한다.

9 부풀었으면 비닐을 제거한다.

10 예열된 오븐에 반죽을 넣고, 예열된 로스팅팬에 물을 부어 온도를 200℃로 낮춘다.

11 약 30분간 황갈색이 날 때까지 굽는다.

12 다 구워졌으면 식빵틀에서 꺼내 식힘망에 올려 식힌다.

* '행복한 취미생활 DIY(http://cafe.never.com.diytp)' 카페 게시판에 있는 동영상을 참고하세요!

A   B   C

글루텐 free 옥수수빵
GLUTEN-FREE CORN BREAD

여기서는 다른 레시피와는 달리 이스트를 사용하고 달걀은 넣지 않은 전통적인 옥수수빵 만드는 법을 소개한다.
옥수수빵은 스튜와 함께 소스에 찍어 먹으면 더 맛있다.

재료(작은 크기 1개)

옥수수가루 200 g(11/2컵)
*fine cornmeal
감자가루 50 g(1/3컵)
소금 5 g(1t)
생이스트 5 g 또는 드라이이
스트 3 g(1t)
따뜻한 물 200 g(200 mL,
3/4컵과 1T)
익힌 옥수수알맹이 50 g(1/2컵)
*냉동이나 마른 옥수수 또는
캔옥수수 등

도구

케이크팬(16 cm)에 식물성 오
일을 발라서 준비

1 작은 볼에 옥수수가루, 감자가루, 소금을 섞는다.

2 큰 볼에 계량한 이스트와 따뜻한 물을 넣고 이스트가 녹을 때까지 섞는다.

3 1과 옥수수알맹이를 2에 넣고 나무주걱으로 섞는다. 반죽을 요거트 정도의 농도로 만든다. 반죽이 빽빽하다면 물을 약간 넣는다.

4 반죽이 담긴 볼을 작은 볼로 덮어 1시간 발효시킨다. (A)

5 반죽을 케이크팬에 담는다. (B)

6 비닐로 덮어 반죽이 팬 높이로 부풀 때가지 30∼45분간 둔다. (C)

7 굽기 약 20분 전에 오븐의 아랫부분에 로스팅팬을 넣고, 오븐을 240℃로 예열한다. 빵에 수분을 제공할 물 1컵도 따로 준비한다.

8 다 부풀었으면 팬을 덮었던 비닐을 제거한다.

9 예열된 오븐에 반죽을 넣고, 예열된 로스팅팬에 물을 부어 온도를 220℃로 낮춘다.

10 약 35분간 황갈색이 날 때까지 굽는다.

11 케이크팬을 식히고 취향에 따라 잘라서 먹는다.

SOURDOUGHS
사워도우

A

B

C

D

E

F

G

H

I

J

화이트 사워도우
W H I T E   S O U R D O U G H

사워도우 만들기의 기본 레시피를 소개한다. 이 책에서는 한 끼 식사로 적절한 작은 빵 크기로 응용하여 만들었다. 앞에서 사워종 만드는 법을 소개하였듯이 반복된 연습으로 훌륭한 사워도우 만들기에 도전하기 바란다.

재료(작은 크기 1개)

강력분 250 g(2컵)
소금 4 g(3/4t)
따뜻한 물 150 g(150 mL, 2/3컵)
사워종 75 g(1/3컵)
*만드는 법 11쪽 참고

도구

발효바스켓(500 g)
발효용 리넨 또는 깨끗한 키친타월
브레드보드에 덧가루를 뿌려서 준비
베이킹 스톤(선택 사항)
철판에 유산지를 깔아서 준비

1 작은 볼에 강력분과 소금을 섞는다. (A)

2 큰 볼에 물과 사워종을 넣고 고루 섞는다. (B)(C)

3 1을 2에 넣고 나무주걱으로 섞은 후 손으로 반죽하면서 볼 옆면은 스크레이퍼로 긁어내어 하나의 반죽을 만든다. (D)(E)(F)

4 반죽이 담긴 볼을 작은 볼로 덮어 10분간 둔다.

5 10분 뒤에 반죽이 담긴 볼에서 반죽의 일부를 잡아당겨 가운데로 반죽 누르기를 8번 반복한다. 이 과정은 약 10초 안에 빨리 해야 한다. (G)(H)

6 반죽이 담긴 볼을 작은 볼로 덮어 10분간 둔다.

7 5와 6을 두 번 반복한 후 다시 5를 한 번 더 한다. 반죽이 담긴 볼을 작은 볼로 덮어 1시간 발효시킨다. (I)

O

P

8 깨끗한 작업대 위에 덧가루를 뿌리고 반죽을 놓는다. (J)

9 반죽을 매끈하고 둥근 디스크 모양으로 만든다. (K)(L)

10 발효바스켓 안에 발효용 리넨 또는 키친타월을 깔고 덧가루를 뿌린 후 반죽을 담는다. (M)

11 반죽 위에 덧가루를 고루 뿌린다. (N)

12 반죽이 2배로 부풀 때까지 3∼6시간 발효시킨다.

13 굽기 약 20분 전에 오븐의 아랫부분에 로스팅팬을 넣고, 오븐을 240℃로 예열한다. 빵에 수분을 제공할 물 1컵도 따로 준비한다.

14 반죽이 2배로 부풀었으면 발효바스켓을 브레드보드나 철판 위에 엎는다. (O)

15 반죽을 덮고 있는 리넨이나 타월을 벗긴다. (P)

16 주방가위로 반죽 표면을 시계방향으로 조금씩 잘라 모양을 낸다. (Q)

17 예열된 오븐의 철판(또는 베이킹 스톤)에 반죽을 놓고 예열된 로스팅 팬에 물을 부어 온도를 220℃로 낮춘다.

18 약 30분간 황갈색이 날 때까지 굽는다.

19 빵이 제대로 구워졌는지 알아보기 위해 빵의 뒷면을 톡톡 두드려 빈 소리가 나는지를 확인한다.

20 더 구워야 하면 오븐에 넣어 몇 분 더 굽는다. 다 구웠으면 식힘망에 올려 식힌다.

통밀 사워도우

WHOLEGRAIN SOURDOUGH

87쪽의 기본 사워도우 만드는 법을 응용하여 거친 밀후레이크 또는 통밀가루를 사용한 통밀 사워도우을 만들어 볼 수 있다.

재료(큰 크기 1개)

잘게 빻은 밀 200 g(11/3컵)
따뜻한 물 200 g(200 mL, 약 1컵)
통밀가루 400 g(31/4컵)
소금 12 g(2t)
사워종(화이트 또는 통밀) 160 g(2/3컵)
*만드는 법 11쪽 참고
따뜻한 물 140 g(140 mL, 2/3컵)
토핑용 맥아와 보리 믹스

도구

발효바스켓(900 g)
브레드보드에 덧가루를 뿌려서 준비
베이킹 스톤(선택 사항)
철판에 유산지를 깔아서 준비

1 작은 볼에 잘게 빻은 통밀과 따뜻한 물(200 g)을 섞어 통밀이 수분을 머금도록 담근다.

2 작은 볼에 통밀가루와 소금을 섞는다.

3 큰 볼에 사워종과 따뜻한 물(140 g)을 고루 섞은 후 1에 넣어 함께 섞는다.

4 2를 3에 넣고 잘 섞는다. 반죽이 뻑뻑하면 물을 조금 넣는다.

5 반죽이 담긴 볼을 작은 볼로 덮어 10분간 둔다.

6 10분 뒤에 87쪽의 5처럼 반죽한다.

7 다시 반죽을 덮어 10분간 둔다.

8 6과 7을 두 번 반복한 후 다시 6을 한 번 더 하고, 반죽이 담긴 볼을 덮어 1시간 동안 발효시킨다.

9 깨끗한 작업대 위에 맥아와 보리 믹스를 뿌린다.

10 작업대에 반죽을 놓고 손으로 굴려 발효바스켓에 맞는 크기를 만든다. (A)

11 발효바스켓 안에 맥아와 보리 믹스를 뿌리고 반죽을 넣는다. (B)

12 반죽이 2배로 부풀 때까지 3〜6시간 발효시킨다. (C)

13 굽기 약 20분 전에 오븐의 아랫부분에 로스팅팬을 넣고, 오븐을 240℃로 예열한다. 빵에 수분을 제공할 물 1컵도 따로 준비한다.

14 반죽이 2배로 부풀었으면 발효바스켓을 브레드보드나 철판 위에 엎는다. (D)

15 예열된 오븐의 철판(또는 베이킹 스톤)에 반죽을 놓고 예열된 로스팅팬에 물을 부어 온도를 220℃로 낮춘다.

16 약 30분간 황갈색이 날 때까지 굽는다.

17 빵이 제대로 구워졌는지 알아보기 위해 빵의 뒷면을 톡톡 두드려 빈 소리가 나는지를 확인한다.

18 더 구워야 하면 오븐에 넣어 몇 분 더 굽는다. 다 구웠으면 식힘망에 올려 식힌다.

A B C D

컨트리 사워도우

'LEVAIN DE CAMPAGNE' BREAD

이 레시피는 프랑스 스타일 사워도우인 '컨트리 사워도우'의 응용버전이며, 영국에서 매년 개최되는 최고의 맛 콘테스트에서 수상의 영광을 안겨준 레시피이다.

재료(큰 크기 1개)

강력분 250 g(2컵)
통밀가루 100 g(3/4컵)
호밀가루 50 g(1/2컵)
소금 6 g(1t)
화이트 사워종 150 g(2/3컵)
*만드는 법 11쪽 참고
따뜻한 물 300 g(300 mL,
11/4컵)

도구

발효바스켓(900 g)
브레드보드에 덧가루를 뿌려서 준비
베이킹 스톤(선택 사항)
철판에 유산지를 깔아서 준비

1 작은 볼에 강력분. 통밀가루, 호밀가루, 소금을 섞는다. **(A)**

2 큰 볼에 물과 사워종을 고루 섞어준다. **(B)**

3 1을 2에 섞는다. 물이 좀 많다고 생각되더라도 당황하지 말고 밀가루를 더 넣지 않도록 한다. **(C)(D)**

4 반죽이 담긴 볼을 작은 볼로 덮어 10분간 둔다.

5 10분 뒤에 87쪽의 5처럼 반죽한다.

6 다시 반죽을 덮어 10분간 둔다.

7 5와 6을 두 번 반복한 후 다시 5를 한 번 더 한다.

* '행복한 취미생활 DIY(http://cafe.never.com.diytp)' 카페 게시판에 있는 동영상을 참고하세요!

8 반죽이 담긴 볼을 덮어 1시간 동안 발효시킨다.

9 깨끗한 작업대 위에 덧가루를 뿌리고 반죽을 놓고 매끈하고 둥근 디스크 모양으로 만든다. **(E)**

10 발효바스켓 안에 덧가루를 뿌린 후 반죽을 놓고 덧가루를 뿌린다. **(F)(G)**

11 반죽이 2배로 부풀 때까지 3~6시간 발효시킨다. **(H)**

12 굽기 약 20분 전에 오븐의 아랫부분에 로스팅팬을 넣고, 오븐을 240℃로 예열한다. 빵에 수분을 제공할 물 1컵도 따로 준비한다.

13 반죽이 2배로 부풀었으면 발효바스켓을 브레드보드나 철판 위에 엎는다. **(I)(J)**

I

J

14 톱날칼로 반죽 표면에 사진처럼 간단하게 무늬를 낸다. (K)

15 예열된 오븐의 철판(또는 베이킹 스톤)에 반죽을 놓고 예열된 로스팅팬에 물을 부어 온도를 220℃로 낮춘다.

16 약 30분간 황갈색이 날 때까지 굽는다.

17 빵이 제대로 구워졌는지 알아보기 위해 빵의 뒷면을 톡톡 두드려 빈 소리가 나는지를 확인한다.

18 더 구워야 하면 오븐에 넣어 몇 분 더 굽는다. 다 구웠으면 식힘망에 올려 식힌다.

K

흰유청 사워도우

WHITE WHEY SOURDOUGH

유청을 빵의 재료로 사용하는 것이 다소 의외일수 있지만 데일스포드에서 일할 당시 체더치
즈를 사용한 경험으로 치즈 만들 때 나오는 유청을 사워도우에 넣는 응용레시피를 개발하였
다. 이러한 레시피 개발로 영국토양협회에서 주관하는 상을 받는 영광도 얻었다.

A   B

재료(큰 크기 1개)

화이트 사워종 160 g(2/3컵)
*만드는 법 11쪽 참고
유청(1리터 플레인요거트
에서 추출) 또는 버터밀크
300 g(300 mL, 11/4컵)
강력분 200 g(12/3컵)
강력분 220 g(13/4컵)
소금 8 g(11/2t)

도구

발효바스켓(900 g)
발효용 리넨 또는 키친타월
브레드보드에 덧가루를 뿌려
서 준비
베이킹 스톤(선택 사항)
철판에 유산지를 깔아서 준비

1 큰 볼에 유청과 사워종을 넣고 나무주걱으로 섞는다.

2 강력분(200 g)을 1에 넣고 잘 섞는다.

3 볼에 담긴 반죽을 랩으로 씌워 서늘한 곳에서 하루 발효시킨다.

4 다음날 반죽 표면에서 공기방울들을 볼 수 있다. (A)

5 작은 볼에 강력분(220 g)과 소금을 섞는다.

6 5를 4에 넣어 섞는다.

7 반죽이 담긴 볼을 작은 볼로 덮는다.

8 반죽을 그대로 10분간 둔다.

9 10분 뒤에 87쪽의 5처럼 반죽한다.

10 다시 반죽을 덮어 10분간 둔다.

11 9와 10을 두 번 반복한 후 다시 9를 한 번 더 한다. (B)

12 반죽이 담긴 볼을 덮어 1시간 동안 발효시킨다.

13 깨끗한 작업대 위에 덧가루를 뿌리고 반죽을 올린다.

14 반죽을 매끈하고 둥근 디스크 모양으로 만든다.

15 발효바스켓 안에 발효용 리넨 또는 키친타월을 깔고 덧가루를 뿌린 후 반죽을 담는다. (C)

16 반죽이 2배로 부풀 때까지 3~6시간 발효시킨다. (D)

17 굽기 약 20분 전에 오븐의 아랫부분에 로스팅팬을 넣고, 오븐을 240℃로 예열한다. 빵에 수분을 제공할 물 1컵도 따로 준비한다.

18 반죽이 2배로 부풀었으면 발효바스켓을 브레드보드나 철판 위에 엎는다.

19 반죽을 덮고 있는 리넨이나 타월을 벗긴다. (E)

20 톱날칼로 반죽 표면에 사진처럼 간단하게 무늬를 낸다. (F)

21 예열된 오븐의 철판(또는 베이킹 스톤)에 반죽을 놓고 예열된 로스팅팬에 물을 부어 온도를 220℃로 낮춘다.

22 약 30분간 황갈색이 날 때까지 굽는다.

23 빵이 제대로 구워졌는지 알아보기 위해 빵의 뒷면을 톡톡 두드려 빈 소리가 나는지를 확인한다.

24 더 구워야 하면 오븐에 넣어 몇 분 더 굽는다. 다 구웠으면 식힘망에 올려 식힌다.

유청 만드는 방법
···▸ 임태언 셰프의 tip

재료	레시피
우유 1000g	1 냄비에 우유와 생크림을 넣고 중불(또는 약불)에서 끓인다.
생크림 180g	2 끓으면 불을 끄고 레몬주스를 넣고 살짝 젓는다.
소금 5g	* 휘젓지 않도록 주의하세요!
레몬주스 50mL	3 2를 면보에 걸러낸다. 면보 위에 남는 건 리코타치즈이고, 면보 아래에 있는게 유청이다.

C

D

E

F

A   B   C

사워도우 그리시니

S O U R D O U G H   G R I S S I N I

그리시니는 보통 소스에 찍어먹거나 스낵 또는 저녁 식사 전에 간단한 음료와 애피타이저로 먹는다. 이탈리아에서 일할 당시에 습득한 기법을 기초로 사워종을 이용한 레시피를 소개하고자 한다. 사워종 특유의 톡쏘는 맛과 그리시니를 반으로 가를 때 나는 빵의 바삭한 소리가 색 다른 맛의 경험을 선사할 것이다.

재료(12~15개 기준)

강력분 200 g(12/3컵)
*이탈리안 "00" flour
소금 4 g(3/4t)
화이트 사워종 100 g(1/3컵)
*만드는 법 11쪽 참고
따뜻한 물 110 g(110 mL, 약 1/2컵)
올리브오일 20 g(20 mL, 1T과 1t)

도구

철판에 유산지를 깔아서 준비

1 작은 볼에 밀가루와 소금을 섞는다.

2 큰 볼에 물과 사워종을 섞다가 올리브오일도 넣어 저어준다.

3 1을 2에 넣고 고루 섞는다.

4 반죽이 담긴 볼을 작은 볼로 덮어 10분간 둔다.

5 10분 뒤에 87쪽의 5처럼 반죽한다.

6 다시 반죽을 덮어 10분간 둔다.

7 5와 6을 두 번 반복한 후 다시 5를 한 번 더 한다.

8 반죽이 담긴 볼을 덮어 1시간 동안 발효시킨다.

9 깨끗한 작업대 위에 덧가루를 뿌리고 반죽을 올린다.

10 손가락 끝으로 반죽을 눌러 5 mm 두께의 직사각형 모양으로 납작하게 만든다. (A)

11 반죽을 비닐로 느슨하게 덮어 약 15분간 둔다.

12 15분 후에 반죽을 칼로 약 1 cm 넓이로 자른다. (B)

13 자른 반죽의 길이를 조금 늘여 철판 위에 올린다. (C)

14 서늘한 곳에서 약 2시간 발효시킨다.

15 굽기 약 20분 전에 오븐의 아랫부분에 로스팅팬을 넣고, 오븐을 240℃로 예열한다. 빵에 수분을 제공할 물 1컵도 따로 준비한다.

16 예열된 오븐에 반죽을 넣고, 예열된 로스팅팬에 물을 부어 온도를 180℃로 낮춘다.

17 약 20분간 황갈색이 날 때까지 굽는다.

18 식힘망에 올려 식힌다.

폴렌타 사워도우
POLENTA SOURDOUGH

그리스의 미코노스와 다른 도시들에서 일할 당시에 매끼마다 노란 색의 시골빵을 만들었다. 이 폴렌타 사워도우는 브로아라는 전통적인 포르투갈 빵과 만드는 방법이 비슷하다. 그 맛은 그리스의 아름다운 햇살과 깔끔한 지중해식 음식에 대한 향수를 불러일으킨다.

A

B

C

D

E   F   G   H

재료(큰 크기 1개)

강력분 300 g(2 1/3컵)
소금 8 g(11/2t)
옥수수가루 60 g(1/3컵)
*폴렌타(polenta : 이탈리아어)는 옥수수를 끓여서 만드는 수프의 일종이다. 노란빛이나 흰빛이 도는 옥수수가루로 만드는데 보통 지역에서 많이 나는 생산물을 주재료로 쓴다.
따뜻한 물 180 g(180 mL, 2/3컵)
화이트 사워종 250 g(1컵)
*만드는 법 11쪽 참고
올리브오일 2t
덧가루용 옥수수가루 약간

도구

발효바스켓(900 g)
브레드보드에 덧가루를 뿌려서 준비
베이킹 스톤(선택 사항)
철판에 유산지를 깔아서 준비

1   작은 볼에 밀가루와 소금을 섞는다.

2   냄비에 물을 끓여 옥수수가루를 넣고 잘 젓는다. (A)

3   옥수수가루가 익으면 불을 끄고 큰 볼에 담는다. 익힌 옥수수가루반죽은 정확히 150 g만 계량하여 준비한다.

4   옥수수가루반죽이 아직 따뜻할 때 물을 넣어 잘 저어준다. 만약 반죽에 작은 응어리가 지더라도 빵의 질감을 형성하는 요인이 되므로 걱정하지 않아도 된다. (B)

5   4에 사워종과 올리브오일을 넣고 잘 섞는다. (C)

6   1을 5에 넣고 손으로 반죽한다.

7   반죽이 담긴 볼을 작은 볼로 덮는다.

8   10분간 그대로 둔다.

9   10분 뒤에 87쪽의 5처럼 반죽한다.

10   다시 반죽을 덮어 10분간 둔다.

11   9와 10을 두 번 반복한 후 다시 9를 한 번 더 한다. (D)

12   반죽이 담긴 볼을 덮어 1시간 동안 발효시킨다.

13   깨끗한 작업대 위에 옥수수가루를 뿌리고 반죽을 올린다.

14   반죽을 매끈하고 둥근 디스크 모양으로 만들고 옥수수가루를 겉면 전체에 바른다.

15   발효바스켓 안에 덧가루를 뿌리고 반죽을 담는다.

16   반죽이 2배로 부풀 때까지 3~6시간 발효시킨다. (E)

17   굽기 약 20분 전에 오븐의 아랫부분에 로스팅팬을 넣고, 오븐을 240℃로 예열한다. 빵에 수분을 제공할 물 1컵도 따로 준비한다.

18   반죽이 2배로 부풀었으면 발효바스켓을 브레드보드나 철판 위에 엎는다. (F)(G)

19   반죽 표면에 톱날칼로 사진처럼 평행선을 그린다. (H)

20   예열된 오븐의 철판(또는 베이킹 스톤)에 반죽을 놓고 예열된 로스팅팬에 물을 부어 온도를 220℃로 낮춘다.

21   약 15~20분간 황갈색이 날 때까지 굽는다.

22   빵이 제대로 구워졌는지 알아보기 위해 빵의 뒷면을 톡톡 두드려 빈 소리가 나는지를 확인한다.

23   식힘망에 올려 식힌다.

토마토 사워도우

T O M A T O   S O U R D O U G H   B R E A D

이 빵에 첨가된 토마토 퓨레 또는 페이스트는 빵의 겉표면에 아름다운 오렌지색으로 물들이는 효과를 낸다. 토마토와 어울리는 식재료로 셀러리, 니젤라씨앗을 꼽을 수 있는데, 만약 셀러리 대신 다른 재료의 사용을 원한다면 다진 로즈마리로 대체할 수 있다.

재료(큰 크기 1개)

강력분 400 g (31/3컵)
소금 10 g (2 t)
셀러리씨앗 4 g (3/4 t) 또는 다진 로즈마리 21/2 T
니젤라씨앗 6 g (11/4 t)
토마토 퓨레 또는 페이스트 40 g (21/2 T)
따뜻한 물 200 g (200 mL, 3/4 컵)
화이트 사워종 300 g (11/4컵)
*만드는 법 11쪽 참고
올리브오일 2 t

도구

발효바스켓(900 g)
브레드보드에 덧가루를 뿌려서 준비
베이킹 스톤(선택 사항)
철판에 유산지를 깔아서 준비

1 작은 볼에 강력분, 소금, 씨앗들을 섞는다.

2 큰 볼에 토마토 퓨레 또는 페이스트와 따뜻한 물을 넣고 고루 섞는다. 여기에 사워종도 함께 섞는다. (A)

3 2에 올리브오일을 넣고 섞는다.

4 1을 3에 넣고 섞어 반죽한다.

5 반죽이 담긴 볼을 작은 볼로 덮는다.

6 10분간 그대로 둔다.

7 10분 뒤에 87쪽의 5처럼 반죽한다.

8 다시 반죽을 덮어 10분간 둔다.

9 7과 8을 두 번 반복한 후 다시 7을 한 번 더 한다.

10 반죽이 담긴 볼을 덮어 1시간 동안 발효시킨다.

11 깨끗한 작업대 위에 덧가루를 뿌리고 반죽을 올린 후 손으로 발효바스켓에 맞는 모양으로 만든다.

12 발효바스켓 안에 덧가루를 뿌리고 반죽을 담는다.

13 반죽이 2배로 부풀 때까지 3~6시간 발효시킨다. (B)

14 굽기 약 20분 전에 오븐의 아랫부분에 로스팅팬을 넣고, 오븐을 240℃로 예열한다. 빵에 수분을 제공할 물 1컵도 따로 준비한다.

15 반죽이 2배로 부풀었으면 발효바스켓을 브레드보드나 철판 위에 엎는다.

16 톱날칼로 반죽 표면 가운데에 선을 그린다. (C)

17 예열된 오븐의 철판(또는 베이킹 스톤)에 반죽을 놓고 예열된 로스팅팬에 물을 부어 온도를 220℃로 낮춘다.

18 약 30분간 황갈색이 날 때까지 굽는다.

19 빵이 제대로 구워졌는지 알아보기 위해 빵의 뒷면을 톡톡 두드려 빈 소리가 나는지를 확인한다.

20 더 구워야 하면 오븐에 넣어 몇 분 더 굽는다. 다 구웠으면 식힘망에 올려 식힌다.

비트 사워도우

BEETROOT SOURDOUGH

이 빵을 특별하게 만드는 요소로 달콤한 맛, 비트와 비트뿌리에서 풍기는 토지의 향뿐만 아니라 생반죽의 아름다운 보라색상을 꼽을 수 있다. 색상을 내기 위해 비트를 갈 때 너무 곱게 갈지 않아야 오븐에 구울 때 입자가 빵에 녹아들지 않고 좀 더 고운 색상을 낼 수 있다. 이 아름다운 보라색 포커 다트 무늬 빵은 저녁식사에서 당신에게 극찬을 안겨줄 훌륭한 메뉴가 될 것이다.

재료(큰 크기 1개)

강력분 370 g(3컵)
소금 8 g(11/2t)
깨끗한 비트 160 g
화이트 사워종 220 g(약 1컵)
*만드는 법 11쪽 참고
따뜻한 물 200 g(200 mL, 3/4컵)
올리브오일 10 g(2t)

도구

발효바스켓(900 g)
브레드보드에 덧가루를 뿌려서 준비
베이킹 스톤
철판에 유산지를 깔아서 준비

1 작은 볼에 밀가루와 소금을 잘 섞어 준비한다.

2 비트를 사진과 같이 갈아서 준비한다. (A)

3 큰 볼에 사워종과 따뜻한 물을 넣고 섞은 후 올리브오일을 넣어 섞는다.

4 1을 3에 넣어 손으로 반죽한 후 갈아 놓은 비트를 넣어 섞는다.

5 반죽이 담긴 볼을 작은 볼로 잘 덮어 10분간 둔다.

6 10분 뒤에 87쪽의 5처럼 반죽한다.

7 다시 반죽을 덮어 10분간 둔다.

8 6과 7을 두 번 반복한 후 다시 6을 한 번 더 한다. (B)

9 반죽이 담긴 볼을 덮어 1시간 동안 발효시킨다.

10 깨끗한 작업대 위에 덧가루를 뿌리고 반죽을 올린다.

11 반죽을 매끈하고 둥근 디스크 모양으로 만든다.

12 발효바스켓 안에 덧가루를 뿌리고 반죽을 담은 후 덧가루를 또 뿌린다.

13 반죽이 2배로 부풀 때까지 3~6시간 발효시킨다. (C)

14 굽기 약 20분 전에 오븐의 아랫부분에 로스팅팬을 넣고, 오븐을 240℃로 예열한다. 빵에 수분을 제공할 물 1컵도 따로 준비한다.

15 반죽이 2배로 부풀었으면 발효바스켓을 브레드보드나 철판 위에 엎는다. (D)

16 예열된 오븐의 철판(또는 베이킹 스톤)에 반죽을 놓고 예열된 로스팅팬에 물을 부어 온도를 220℃로 낮춘다.

17 약 30분간 황갈색이 날 때까지 굽는다.

18 빵이 제대로 구워졌는지 알아보기 위해 빵의 뒷면을 톡톡 두드려 빈 소리가 나는지를 확인한다.

19 굽는 과정이 더 필요하면 오븐에 넣어 몇 분 더 굽는다. 다 구웠으면 식힘망에 올려 식힌다.

A

B

C

스파이스치즈 허브 사워도우
SPICED CHEESE AND HERB SOURDOUGH

데이스포드에 근무할 당시, 치즈제조가인 조는 정원사인 벤이 직접 기른 칠리를 이용하여 훌륭한 칠리치즈를 만들곤 했다. 이런 경험을 바탕으로 칠리를 사용한 빵을 개발하였으며 버터와 함께 발라 먹으면 그 맛을 배로 즐길 수 있다.

재료(작은 크기 4개 기준)

강력분 300 g(2 1/2컵)
소금 8 g(2t)
칠리파우더 또는 고춧가루 2 g(1/2t)
체더치즈 간 것 150 g(1 1/2컵)
다진 고수 또는 파슬리 4T

화이트 사워종 200 g(약 1컵)
*만드는 법 11쪽 참고
따뜻한 물 180 g(180 mL, 2/3컵)

도구

발효바스켓 작은 크기 4개

브레드보드에 덧가루를 뿌려서 준비
베이킹 스톤(선택 사항)
철판에 유산지를 깔아서 준비

1 작은 볼에 밀가루, 소금, 칠리파우더(또는 고춧가루)를 섞는다.

2 체더치즈와 다진 고수(또는 파슬리)를 섞는다.

3 큰 볼에 사워종과 따뜻한 물을 넣고 고루 섞는다.

4 1과 2를 3에 넣고 손으로 반죽한다. (A)

5 반죽이 담긴 볼을 작은 볼로 덮어 10분간 둔다.

6 10분 뒤에 87쪽의 5처럼 반죽한다.

7 다시 반죽을 덮어 10분간 둔다.

8 6과 7을 두 번 반복한 후 다시 6을 한번 더 한다.

9 반죽이 담긴 볼을 덮어 1시간 동안 발효시킨다.

10 깨끗한 작업대 위에 덧가루를 뿌리고 반죽을 놓는다.

11 반죽을 스크레이퍼로 4등분한다.

12 반죽을 매끈하고 둥근 디스크 모양으로 만든다.

13 각각의 발효바스켓 안에 덧가루를 뿌리고 반죽을 담는다. (B)

14 반죽이 2배로 부풀 때까지 3~6시간 발효시킨다.

15 굽기 약 20분 전에 오븐의 아랫부분에 로스팅팬을 넣고, 오븐을 240℃로 예열한다. 빵에 수분을 제공할 물 1컵도 따로 준비한다.

16 반죽이 2배로 부풀었으면 발효바스켓을 브레드보드나 철판 위에 엎는다. 톱날칼로 반죽 표면에 커브모양을 2개 그린다. (C)

17 예열된 오븐의 철판(또는 베이킹 스톤)에 반죽을 놓고 예열된 로스팅팬에 물을 부어 온도를 220℃로 낮춘다.

18 약 30분간 황갈색이 날 때까지 굽는다.

19 빵이 제대로 구워졌는지 알아보기 위해 빵의 뒷면을 톡톡 두드려 빈 소리가 나는지를 확인한다.

20 더 구워야 하면 오븐에 넣어 몇 분 더 굽는다. 다 구웠으면 식힘망에 올려 식힌다.

감자 사워도우
P O T A T O   S O U R D O U G H

감자를 이용한 전형적인 미국식의 사워도우로 생감자 또는 오븐에 찌거나 구운 감자 등을 이용한다. 이 빵을 구워먹으면 환상적인 맛을 즐길 수 있다.

재료(작은 크기 1개)

화이트 사워종 250 g(1컵)
*만드는 법 11쪽 참고
따뜻한 물 180 g(180 mL, 2/3컵)
올리브오일 10 g(2t)
강력분 310 g(2 1/2컵)
소금 6 g(1t)
껍질을 깐 감자 갈아서 준비
또는 껍질째 구운 감자 썰어
서 준비 150 g

도구

발효바스켓(500 g)
브레드보드에 덧가루를 뿌려
서 준비
베이킹 스톤(선택 사항)
철판에 유산지를 깔아서 준비

1 작은 볼에 사워종과 물을 잘 섞은 후 올리브오일을 넣고 젓는다. (A)

2 큰 볼에 밀가루, 소금, 감자를 넣고 섞는다. (B)

3 1을 2에 넣는다. (C)

4 손으로 고루 섞는다. (D)

5 반죽이 담긴 볼을 작은 볼로 덮어 10분간 둔다.

6 10분 뒤에 87쪽의 5처럼 반죽한다. (E)

7 다시 반죽을 덮어 10분간 둔다.

8 6과 7을 두 번 반복한 후 다시 6을 한 번 더 한다. (F)

9 반죽이 담긴 볼을 덮어 1시간 동안 발효시킨다.

10 깨끗한 작업대 위에 덧가루를 뿌리고 반죽을 놓은 후 반죽 표면에 덧가루를 가볍게 뿌린다. (G)

11 반죽을 매끈한 둥근 디스크 모양으로 만든다. (H)(I)

12 발효바스켓 안에 덧가루를 뿌리고 반죽을 담는다. (J)

13 반죽이 2배로 부풀 때까지 3～6시간 발효시킨다. (K)

14 굽기 약 20분 전에 오븐의 아랫부분에 로스팅팬을 넣고, 오븐을 240℃로 예열한다. 빵에 수분을 제공할 물 1컵도 따로 준비한다.

15 반죽이 2배로 부풀었으면 발효바스켓을 브레드보드나 철판 위에 엎는다. (L)

16 예열된 오븐의 철판(또는 베이킹 스톤)에 반죽을 놓고 예열된 로스팅팬에 물을 부어 온도를 220℃로 낮춘다.

17 약 30분간 황갈색이 날 때까지 굽는다. (M: 생으로 갈은 감자와 구운 감자를 이용한 빵의 사진)

18 빵이 제대로 구워졌는지 알아보기 위해 빵의 뒷면을 톡톡 두드려 빈 소리가 나는지를 확인한다.

19 더 구워야 하면 오븐에 넣어 몇 분 더 굽는다. 다 구웠으면 식힘망에 올려 식힌다.

무화과, 호두, 팔각 사워도우

FIG, WALNUT AND ANISE SOURDOUGH

무화과와 호두의 멋진 궁합에 팔각까지 더해지면 아주 훌륭한 맛을 낸다. 갓 구워낸 빵에 치즈를 얹어 먹으면 독특한 맛의 조화와 향연을 느낄 수 있을 것이다.

재료(작은 크기 1개)

다진 건조 무화과 3개 분량
다진 호두 40 g(1/3컵)
팔각 가루 2 g(1/2 t)
강력분 100 g(3/4컵)
통밀가루 45 g(1/3컵)
호밀가루 20 g(2 1/2 T)
소금 3 g(1/2 t)
화이트 사워종 65 g(1/4컵)
*만드는 법 11쪽 참고
따뜻한 물 130 g(130 mL, 1/2컵)

도구

발효바스켓(900 g)
브레드보드에 덧가루를 뿌려서 준비
베이킹 스톤(선택 사항)
철판에 유산지를 깔아서 준비

1 다진 무화과, 호두, 팔각을 섞어둔다.

2 작은 볼에 밀가루, 통밀가루, 호밀가루, 소금을 섞는다.

3 큰 볼에 사워종과 물을 넣고 섞는다.

4 2와 1을 3에 넣고 섞는다.

5 반죽이 담긴 볼을 작은 볼로 덮어 10분간 둔다.

6 10분 뒤에 87쪽의 5처럼 반죽한다.

7 다시 반죽을 덮어 10분간 둔다.

8 6과 7을 두 번 반복한 후 다시 6을 한 번 더 한다. 반죽이 담긴 볼을 덮어 1시간 동안 발효시킨다. (A)

9 반죽이 2배로 부풀었으면 주먹으로 눌러 가스를 빼낸다.

10 깨끗한 작업대 위에 덧가루를 뿌리고 반죽을 놓는다.

11 반죽의 끝 부분을 각각 가운데로 접고 길쭉한 소시지 모양으로 굴린다. 반죽의 양쪽 가장자리 부분이 점점 가늘어지게 만든다.

12 발효바스켓 안에 덧가루를 뿌리고 반죽을 담는다. (B)

13 반죽이 2배로 부풀 때까지 3~6시간 발효시킨다.

14 굽기 약 20분 전에 오븐의 아랫부분에 로스팅팬을 넣고, 오븐을 240℃로 예열한다. 빵에 수분을 제공할 물 1컵도 따로 준비한다.

15 반죽이 2배로 부풀었으면 발효바스켓을 브레드보드나 철판 위에 엎는다. 반죽 표면에 덧가루를 뿌리고 톱날칼로 대각선을 그린다. (C)

16 예열된 오븐의 철판(또는 베이킹 스톤)에 반죽을 놓고 예열된 로스팅팬에 물을 부어 온도를 220℃로 낮춘다.

17 약 30분간 황갈색이 날 때까지 굽는다. 다 구웠으면 식힘망에 올려 식힌다.

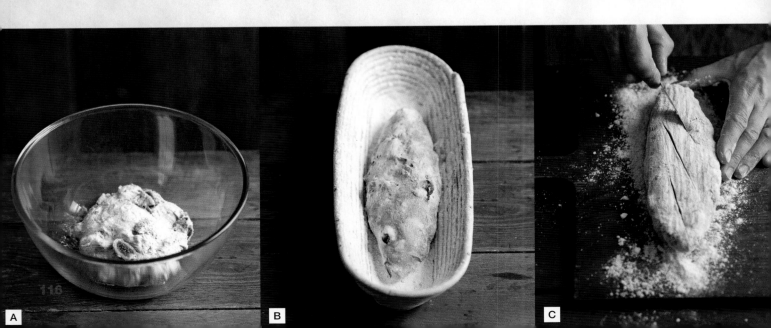

헤이즐넛 커런트
사워도우

HAZELNUT AND CURRANT SOURDOUGH

이 빵의 가장 중요한 재료는 가볍게 구운 헤이즐넛이다. 이 빵을 구우면 특유의 헤이즐넛 향과 달콤한 커런트의 환상적인 조합을 맛볼 수 있다. 갓 구운 빵에 치즈를 얹어 먹으면 더 맛있다.

재료(큰 크기 1개)

살짝 볶아 다진 헤이즐넛 120 g(1컵)
커런트 60 g(1/2컵)
강력분 375 g(3컵)
소금 6 g(1t)
화이트 사워종 140 g(2/3컵)
*만드는 법 11쪽 참고
따뜻한 물 250 g(250 mL, 1컵)

도구

발효바스켓(900 g)
발효용 리넨 또는 키친타월
브레드보드에 덧가루를 뿌려서 준비
베이킹 스톤(선택 사항)
철판에 유산지를 깔아서 준비

A

1 헤이즐넛과 커런트를 섞어둔다.

2 작은 볼에 밀가루와 소금을 섞는다.

3 큰 볼에 사워종과 따뜻한 물을 섞는다.

4 2와 1을 3에 넣고 잘 섞는다.

5 반죽이 담긴 볼을 작은 볼로 덮어 10분간 둔다.

6 10분 뒤에 87쪽의 5처럼 반죽한다.

7 다시 반죽을 덮어 10분간 둔다.

8 6과 7을 두 번 반복한 후 다시 6을 한 번 더 한다. (A)

9 반죽이 담긴 볼을 덮어 1시간 동안 발효시킨다.

10 깨끗한 작업대 위에 덧가루를 뿌리고 반죽을 놓은 후 매끄럽고 둥근 디스크 모양으로 만든다.

11 발효바스켓 안에 발효용 리넨 또는 키친타월을 깔고 덧가루를 뿌린 후 반죽을 담는다.

12 반죽이 2배로 부풀 때까지 3∼6시간 발효시킨다. (B)

13 굽기 약 20분 전에 오븐의 아랫부분에 로스팅팬을 넣고, 오븐을 240℃로 예열한다. 빵에 수분을 제공할 물 1컵도 따로 준비한다.

14 반죽이 2배로 부풀었으면 발효바스켓을 브레드보드나 철판 위에 엎고 덮었던 리넨 또는 키친타월을 벗긴다. (C)(D)

15 톱날칼로 반죽 표면에 간단하게 무늬를 낸다.

16 예열된 오븐의 철판(또는 베이킹 스톤)에 반죽을 놓고 예열된 로스팅팬에 물을 부어 온도를 220℃로 낮춘다.

17 약 30분간 황갈색이 날 때까지 굽는다.

18 빵이 제대로 구워졌는지 알아보기 위해 빵의 뒷면을 톡톡 두드려 빈 소리가 나는지를 확인한다.

19 더 구워야 하면 오븐에 넣어 몇 분 더 굽는다. 다 구웠으면 식힘망에 올려 식힌다.

B

C

D

초콜릿 커런트 사워도우
CHOCOLATE AND CURRANT SOURDOUGH

깊은 초콜릿의 맛은 이 빵에 빠져들 수밖에 없게 만든다. 여기에 커런트를 넣으면 진한 코코아와 어우러진 커런트의 달콤함을 맛볼 수 있다. 빵의 깊고 달콤한 맛은 예상 밖의 즐거움을 선사하며 미식가 친구들의 미각을 만족하게 할만한 멋진 선물이 될 것이다.

재료(큰 크기 1개)

커런트 200 g(11/3컵)
밀크 초콜릿 칩 80 g(2/3컵)
강력분 330 g(2 2/3컵)
소금 8 g(11/2 t)
코코아가루 20 g(2 1/2 T)
화이트 사워종 170 g(2/3컵)
*만드는 법 11쪽 참고
따뜻한 물 250 g(250 mL, 1컵)

도구

발효바스켓(900 g)
브레드보드에 덧가루를 뿌려서 준비
베이킹 스톤(선택 사항)
철판에 유산지를 깔아서 준비

1 커런트와 초콜릿 칩을 섞어둔다.

2 작은 볼에 밀가루, 소금, 코코아가루를 섞는다.

3 큰 볼에 사워종과 따뜻한 물을 섞는다.

4 2와 1을 3에 넣고 잘 섞는다.

5 반죽이 담긴 볼을 작은 볼로 덮어 10분간 둔다.

6 10분 뒤에 87쪽의 5처럼 반죽한다.

7 다시 반죽을 덮어 10분간 둔다.

8 6과 7을 두 번 반복한 후 다시 6을 한 번 더 한다. 반죽이 담긴 볼을 덮어 1시간 동안 발효시킨다. (A)

9 반죽이 2배로 부풀었으면 주먹으로 눌러 가스를 빼낸다.

10 깨끗한 작업대 위에 덧가루를 뿌리고 반죽을 놓는다.

11 반죽을 2등분한 후 둥근 공 모양으로 만든다.

12 발효바스켓 안에 덧가루를 뿌리고 반죽 두 개를 나란히 꽉 차게 담는다. (B)

13 반죽이 2배로 부풀 때까지 3~6시간 발효시킨다.

14 굽기 약 20분 전에 오븐의 아랫부분에 로스팅팬을 넣고, 오븐을 240℃로 예열한다. 빵에 수분을 제공할 물 1컵도 따로 준비한다.

15 반죽이 2배로 부풀었으면 발효바스켓을 브레드보드나 철판 위에 엎는다. 반죽 표면에 덧가루를 뿌리고 톱날칼로 십자모양을 그린다. (C)

16 예열된 오븐의 철판(또는 베이킹 스톤)에 반죽을 놓고 예열된 로스팅팬에 물을 부어 온도를 220℃로 낮춘다.

17 약 30분간 황갈색이 날 때까지 굽는다.

18 빵이 제대로 구워졌는지 알아보기 위해 빵의 뒷면을 톡톡 두드려 빈 소리가 나는지를 확인한다. 식힘망에 올려 식힌다.

A B C

캐러웨이 호밀 사워도우
CARAWAY RYE SOURDOUGH

이 빵은 전형적인 독일식 호밀빵으로 캐러웨이가 조금 들어간다. 구웠을 때 겉면의 멋지게 갈라진 모양과 바삭한 식감이 아주 훌륭하다.

재료(큰 크기 1개)

호밀가루 350 g(3컵)
강력분 150 g(11/2컵)
소금 10 g(2t)
캐러웨이 씨앗 3 g(1t)
호밀 사워종 250 g(1컵)
*만드는 법11쪽 참고
따뜻한 물 400 g(400 mL, 11/2컵)

도구

발효바스켓(900 g)
브레드보드에 덧가루를 뿌려서 준비
베이킹 스톤(선택 사항)
철판에 유산지 깔아서 준비

D

E

1 작은 볼에 밀가루, 소금, 캐러웨이 씨앗을 섞는다. (A)

2 큰 볼에 사워종과 따뜻한 물을 섞는다. (B)

3 1을 2에 넣고 D처럼 걸쭉하게 섞는다. (C)(D)

4 반죽이 담긴 볼을 작은 볼로 덮어 1시간 발효시킨다.

5 덧가루를 뿌린 작업대에 반죽을 놓고 둥글게 만든다.

6 호밀가루를 납작한 쟁반에 담는다.

7 반죽을 6에 올려놓고 겉면을 코팅한다. (E)

8 발효바스켓 안에 덧가루를 뿌리고 반죽을 담은 후 반죽 위에 덧가루를 뿌린다. (F)(G)

9 반죽이 2배로 부풀 때까지 3〜6시간 발효시킨다. (H)

10 굽기 약 20분 전에 오븐의 아랫부분에 로스팅팬을 넣고, 오븐을 240℃로 예열한다. 빵에 수분을 제공할 물 1컵도 따로 준비한다.

11 반죽이 2배로 부풀었으면 발효바스켓을 브레드보드나 철판 위에 엎는다.

12 예열된 오븐의 철판(또는 베이킹 스톤)에 반죽을 놓고 예열된 로스팅팬에 물을 부어 온도를 230℃로 낮춘다.

13 약 30분간 황갈색이 날 때까지 굽는다.

14 빵이 제대로 구워졌는지 알아보기 위해 빵의 뒷면을 톡톡 두드려 빈 소리가 나는지를 확인한다.

15 더 구워야 하면 오븐에 넣어 몇 분 더 굽는다. 다 구웠으면 식힘망에 올려 식힌다.

F

G

H

I

세 가지 곡물빵
3 - GRAIN BREAD

카파타운에 있는 케이크와 커피 전문점에서 견습생 시절에 개발한 빵으로, 호밀과 통밀, 귀리 등 여러 가지 씨앗들을 넣어 만든 빵이다.

재료(큰 크기 1개)

스파이스 믹스
(펜넬씨앗 2T, 고수씨앗 2T, 캐러웨이씨앗 1T를 섞어서 사용)
찬물 100g(100mL, 1/2컵)
해바라기씨앗 50g(1/3컵)
아마씨앗 30g(1/3컵)
오트밀 12g(2T)
다진 통밀 12g(2T)
호밀사워종 180g(3/4컵)
*만드는 법 11쪽 참고
따뜻한 물 150g(150mL, 2/3컵)
호밀가루 250g(2컵)
강력분 150g(11/4컵)
소금 8g(11/2t)
생이스트 4g 또는 드라이이스트 2g(1/2t)
따뜻한 물 50g(50mL, 3T)

도구

발효바스켓(900g)
브레드보드에 덧가루를 뿌려서 준비
베이킹 스톤(선택 사항)
철판에 유산지를 깔아서 준비

1 스파이스 믹스를 먼저 만든다. 펜넬, 고수, 캐러웨이 씨앗을 섞고 물기 없는 냄비에 넣어 씨앗들이 튀어오를 때까지 약한 불에서 굽는다. 식혀서 절구나 스파이스 그라인더에 넣어 가루로 만든다.

2 큰 볼에 찬물, 해바라기씨앗, 아마씨앗, 오트밀, 다진 통밀을 넣고 섞는다. 작은 볼로 덮어 서늘한 곳에 하룻밤 둔다.

3 다른 큰 볼에 사워종과 따뜻한 물(150g)을 섞는다. 호밀가루를 넣어 고루 섞은 후 작은 볼로 덮어 서늘한 곳에서 하룻밤 발효시킨다.

4 다음 날 작은 볼에 밀가루, 소금, 스파이스 믹스 1t을 섞는다.

5 작은 볼에 이스트와 따뜻한 물(50g)을 섞은 후 3에 넣어 고루 섞는다.

6 2와 4를 함께 섞는다. 반죽이 끈적끈적할 때까지 섞는다. 반죽이 건조하다 싶으면 물을 약간 넣는다.

7 반죽이 담긴 볼을 작은 볼로 덮어 10분간 둔다.

8 10분 뒤에 87쪽의 5처럼 반죽한다. 반죽이 끈적끈적한 형태가 될 것이다.

9 다시 반죽을 덮어 10분간 둔다.

10 8과 9를 두 번 반복한 후 다시 8을 한 번 더 한다. (A)

11 반죽이 담긴 볼을 덮어 1시간 동안 발효시킨다. (B)

12 깨끗한 작업대 위에 오트밀을 뿌리고 반죽을 놓는다. (C)

13 반죽이 발효바스켓 크기와 모양이 되게 손으로 만든다. (D)

14 발효바스켓에 오트밀을 뿌리고 반죽을 담는다.

15 반죽이 2배로 부풀 때까지 1~2시간 발효시킨다. (E)

16 굽기 약 20분 전에 오븐의 아랫부분에 로스팅팬을 넣고, 오븐을 240℃로 예열한다. 빵에 수분을 제공할 물 1컵도 따로 준비한다.

17 반죽이 2배로 부풀었으면 발효바스켓을 브레드보드나 철판 위에 엎는다. 톱날칼로 반죽 표면에 지그재그 모양을 그린다. (F)

18 예열된 오븐의 철판(또는 베이킹 스톤)에 반죽을 놓고 예열된 로스팅팬에 물을 부어 온도를 220℃로 낮춘다.

19 약 30분간 황갈색이 날 때까지 굽는다.

20 식힘망에 올려 식힌다.

세몰리나빵

S E M O L I N A   B R E A D

여기서 소개하는 세몰리나빵은 부드럽고 미묘한 단맛을 낸다. 세몰리나빵은 어떤 재료를 토핑하든 다 잘 어울리는 빵이다.

재료(작은 크기 1개)

강력분 125 g(1컵)
*이탈리안 "00" flour
소금 3 g(1/2 t)
화이트 사워종 25 g(2T)
*만드는 법 11쪽 참고
따뜻한 물 150 g(150 mL, 2/3컵)
세몰리나 150 g(1컵과 2 T)
생이스트 3 g 또는 드라이이
스트 2 g(3/4 t)
따뜻한 물 50 g(50 mL, 3 T)
올리브오일 5 g(1 t)
올리브오일 15 g(3 t)

도구

철판에 유산지를 깔아서 준비

1 작은 볼에 밀가루와 소금을 섞는다.

2 큰 볼에 사워종, 세몰리나, 따뜻한 물(150 g)을 섞는다. (A)

3 나무주걱으로 골고루 섞는다. (B)

4 작은 볼로 덮어 2시간 또는 서늘한 곳에서 하룻밤 발효시킨다. (C)

5 큰 볼에 이스트와 따뜻한 물을 섞은 후 올리브오일(5 g)을 넣고 섞는다. (D)

6 5를 4에 넣고 고루 섞는다.

7 1을 6에 넣는다. (E)

8 나무주걱으로 고루 섞는다. (F)

9 반죽이 담긴 볼을 작은 볼로 덮어 10분 둔다. 이 단계에서 반죽의 질감이 부드러워진다.

10 다른 큰 볼에 올리브오일(7.5 g)을 넣는다.

11 스크레이퍼로 반죽을 10에 옮긴다. (G)

12 반죽의 끝부분을 가운데로 접어 누른다. 볼을 돌려가며 다른 부분들도 가운데로 접어 누른다. 두 번 정도 반복한다. (H)

13 다시 10분간 둔다. (I)

14 12와 13을 세 번 반복한 후 반죽이 볼에 달라붙지 않게 올리브오일 (7.5 g)을 넣는다. (J)

15 다시 10분간 둔다.

16 깨끗한 작업대 위에 덧가루를 뿌리고 반죽을 놓는다.

17 12를 참고하여 반죽 접기를 두 번 한다. (K)(L)(M)

18 다시 반죽을 15~20분 발효시킨다.

19 다시 반죽을 접어 둥근 모양으로 만든다. 반죽을 뒤집어 매끄럽고 평평한 둥근 모양으로 만든다. (N)

20 철판 위에 세몰리나 가루를 뿌린 후 반죽을 놓는다. 반죽 표면에도 세몰리나 가루를 뿌린다. (O)

21 손가락으로 반죽의 가운데 부분에 구멍을 만들어 링 모양이 될 때까지 옆으로 당긴다. (P)

22 반죽 표면에 공기방울이 형성될 때까지 30분간 발효시킨다.

23 굽기 약 20분 전에 오븐의 아랫부분에 로스팅팬을 넣고, 오븐을 240℃로 예열한다. 빵에 수분을 제공할 물 1컵도 따로 준비한다.

24 굽기 전에 톱날칼로 반죽 표면에 선 3개를 그린다. (Q)

25 예열된 오븐에 반죽을 넣고, 예열된 로스팅팬에 물을 부어 온도를 200℃로 낮춘다.

26 약 35분간 황갈색이 날 때까지 굽는다. (R)

27 빵이 제대로 구워졌는지 알아보기 위해 빵의 뒷면을 톡톡 두드려 빈 소리가 나는지를 확인한다.

28 더 구워야 하면 오븐에 넣어 몇 분 더 굽는다. 다 구웠으면 식힘망에 올려 식힌다.

O

P

Q

R

잡곡 해바라기빵

MULTIGRAIN SUNFLOWER BREAD

독일식 빵으로 다양한 잡곡의 맛이 어우러져 빵 그
자체만으로도 맛있다. 해바라기씨가 씹히는 구수한
맛이 이 빵의 묘미이다.

재료(중간 크기 1개)

다크 당밀 2t
따뜻한 물 140 g(140 mL, 1/2컵과 1T)
호밀가루 100 g(2/3컵)
검은 호밀가루 140 g(1컵)
통밀가루 40 g(1/3컵)
소금 10 g(2t)
해바라기씨앗 100 g(2/3컵)
생이스트 6 g 또는 드라이이스트 3 g(1t)
따뜻한 물 80 g(80 mL, 1/3컵)
호밀 사워종 60 g(1/4컵)
*만드는 법 11쪽 참고

도구

식빵틀(500g)에 오일을 덧발라서 준비

1 큰 볼에 따뜻한 물(140 g)을 넣고 당밀을 녹인다.

2 호밀가루를 1에 넣고 섞는다. 작은 볼로 덮어 하룻밤 둔다.

3 다른 큰 볼에 밀가루, 소금, 씨앗을 섞는다.

4 다른 작은 볼에 따뜻한 물(80 g)과 이스트를 섞은 후 사워종에 넣어 고루 섞는다.

5 4를 2에 섞고 3도 넣는다. (A)

6 나무주걱으로 반죽을 고루 섞는다. (B)

7 반죽이 담긴 볼을 작은 볼로 덮어 약 1시간 발효시킨다.

8 반죽을 식빵틀에 옮겨 담고 스크레이퍼로 반죽 표면을 매끄럽게 다듬는다. (C)

9 반죽이 담긴 식빵틀을 덮어 30∼45분간 발효시킨다. (D)

10 굽기 약 20분 전에 오븐의 아랫부분에 로스팅팬을 넣고, 오븐을 240℃로 예열한다. 빵에 수분을 제공할 물 1컵도 따로 준비한다.

11 예열된 오븐에 반죽을 넣고, 예열된 로스팅팬에 물을 부어 온도를 200℃로 낮춘다.

12 약 35분간 황갈색이 날 때까지 굽는다.

13 식힘망에 올려 식힌다.

133

PASTRIES & SWEET TREATS
페이스트리와 디저트빵

크로와상

C R O I S S A N T S

이 레시피로 크로와상 만들기 기법을 충분히 익혔다면, 초콜
릿과 건포도를 이용하여 자기만의 기법으로 만들 수도 있다.

재료(8개 기준)

강력분 250 g(2컵)
설탕 20 g(11/2 T)
소금 5 g(1t)
생이스트 10 g 또는 드라이이스트
5 g(11/2t)
따뜻한 물 125 g(125 mL, 1/2컵)

상온에 둔 버터 150 g(10 T)
달걀물
*중간 크기 달걀 1개에 약간의 소금
첨가

도구

철판에 유산지 깔아서 준비

1 작은 볼에 밀가루, 설탕, 소금을 섞는다.

2 큰 볼에 이스트와 따뜻한 물을 섞는다.

3 1을 2에 넣고 고루 섞는다.

4 반죽이 담긴 볼을 작은 볼로 덮는다.

5 10분 동안 상온에 둔다.

6 반죽이 담긴 볼에서 반죽 끝부분을 잡아당겨 가운데로 누르기
를 한다. 볼을 천천히 돌려가며 이 과정을 반복하여 반죽의 모든
부분이 고루 반죽될 수 있도록 한다(약 8회 정도 반복). 이 과정들
을 약 10초 안에 해야 한다.

7 반죽이 담긴 볼을 작은 볼로 덮어 10분간 둔다.

8 6과 7을 두 번 반복한 후 다시 6을 한 번 더 한다.

9 볼을 작은 볼로 덮어 냉장고에 하룻밤 둔다. 단, 드라이이스트를
사용한 경우에는 반죽을 냉장고에 넣기 전에 약 30분간 더 상온 발
효시킨 후 넣도록 한다. 이스트의 활성화를 위해 참고하기 바란다.

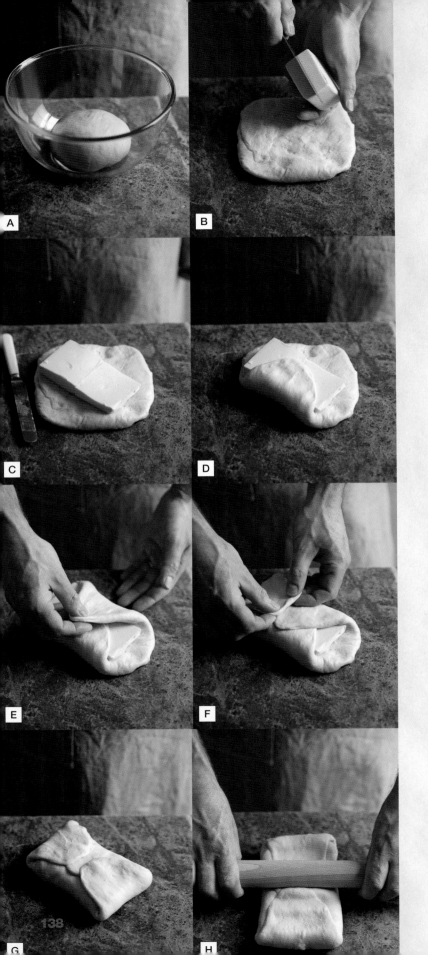

10 냉장고에 넣어둔 반죽을 꺼낸다. (A)

11 반죽을 작업대 위에 놓는다.

12 반죽의 끝부분을 잡아당겨 약 12cm 길이의 사각모양을 만든다.

13 준비한 버터를 반죽의 반 정도 크기가 되게 반으로 자른다. (B)

14 반죽을 버터와 동일한 두께로 만든다.

15 버터를 반죽 위에 대각선 방향으로 가운데에 놓는다. (C)

16 반죽의 끝부분을 버터를 감싸듯 가운데로 접어 선물 포장하듯이 한다. 반죽이 버터를 충분히 감쌀 수 있도록 잘 잡아당겨 접는다. (D)(E)(F)(G)

17 밀대로 반죽을 밀어 버터가 반죽 속에 고루 분배되도록 한다. (H)

18 반죽이 약 1cm 정도 두께의 긴 직사각형이 될 때까지 밀대로 민다. (I)

19 반죽 아랫부분의 1/3을 접는다. (J)

20 반죽 윗부분의 1/3을 접는다. (K)

21 첫 번째 반죽 접기로 반죽의 3겹을 완성하였다. 앞으로 반복할 반죽 접기를 표시하기 위해 손가락 끝으로 반죽에 작은 자국을 남긴다. (L)

22 랩 또는 투명비닐로 반죽을 덮어 냉장고에 20분간 둔다.

23 냉장고에서 반죽을 꺼내 17~21을 두 번 반복한다.

24 세 번의 반죽 접기를 다 했다면 반죽에서 3개의 손 자국을 확인할 수 있을 것이다.

25 랩 또는 투명비닐로 반죽을 덮어 냉장고에 40분간 둔다.

26 냉장고에서 반죽을 꺼내 24×38cm 크기로 밀대로 민다. (M)

27 반죽을 얇고 긴 삼각형 모양이 되도록 8~9개로 자른다. (N)

28 각각의 삼각형 반죽을 밑에서부터 밀어 올리면서 말아 크로와상 모양으로 만든다. (O)(P)

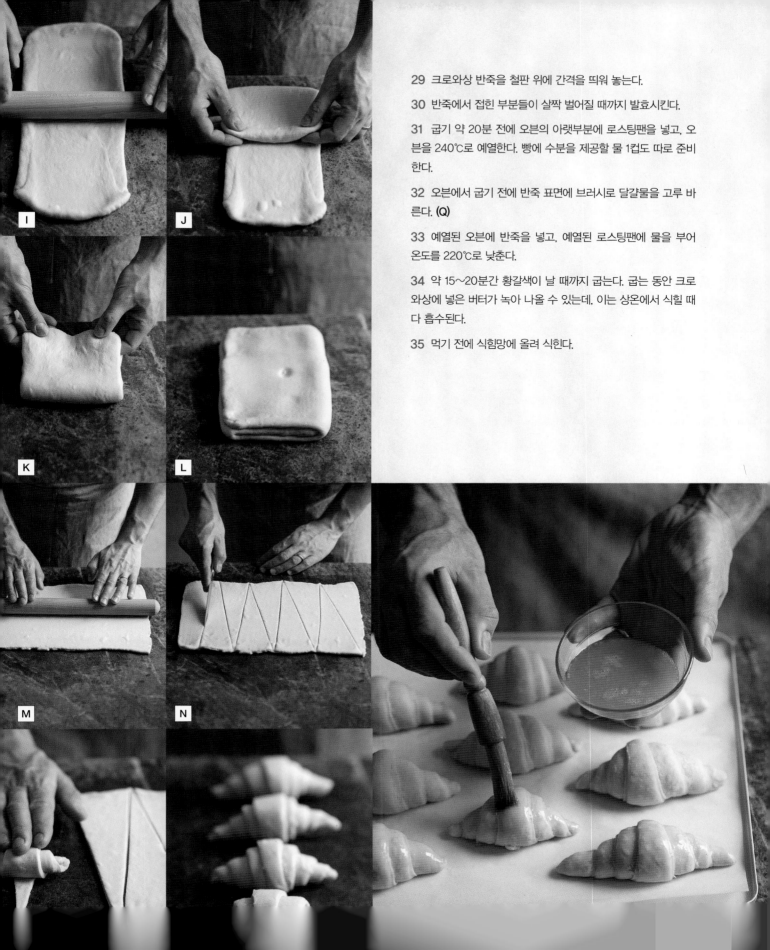

29 크로와상 반죽을 철판 위에 간격을 띄워 놓는다.

30 반죽에서 접힌 부분들이 살짝 벌어질 때까지 발효시킨다.

31 굽기 약 20분 전에 오븐의 아랫부분에 로스팅팬을 넣고, 오븐을 240℃로 예열한다. 빵에 수분을 제공할 물 1컵도 따로 준비한다.

32 오븐에서 굽기 전에 반죽 표면에 브러시로 달걀물을 고루 바른다. (Q)

33 예열된 오븐에 반죽을 넣고, 예열된 로스팅팬에 물을 부어 온도를 220℃로 낮춘다.

34 약 15~20분간 황갈색이 날 때까지 굽는다. 굽는 동안 크로와상에 넣은 버터가 녹아 나올 수 있는데, 이는 상온에서 식힐 때 다 흡수된다.

35 먹기 전에 식힘망에 올려 식힌다.

재료

다크 초콜릿(코코아 함량 70%) 75 g

물 11/2 T

설탕 2 T

도구

짤주머니와 작은 원형모양 깍지

철판에 유산지 깔아서 준비

빵오쇼콜라
P A N I S   A U   C H O C O L A T

단시간에 크로와상을 만들겠다는 생각은 빵오쇼콜라 만들때는 버리기 바란다. 좋은 빵을 만들기 위한 인내는 그만큼의 가치가 있으며, 당신의 오감을 자극할 만한 프랑스식 아침 메뉴를 완성할 것이다.

초콜릿 봉 만들기

1 초콜릿을 작은 조각으로 썰어둔다.

2 물과 설탕을 냄비에 넣어 끓인다.

3 끓으면 불을 끄도록 한다.

4 조각난 초콜릿을 뜨거운 설탕시럽에 넣어 매끈한 광택이 날 때까지 저어준다.

5 때때로 나무주걱으로 저으면서 식힌다.

6 이때 초콜릿이 녹지 않고 덩어리진다면 다시 약한 불에서 매끈하게 녹을 때까지 저어준다.

7 6을 짤주머니에 담아 철판 위에 유산지를 깔고 5 mm 두께의 긴 스틱 모양으로 짠다. **(A)**

8 사용하기 전까지 냉장실에 넣어둔다. 단, 잠시 동안 사용하지 않을 거라면 냉동실에 보관한다.

B   C   D

재료(8개 기준)

크로와상 반죽 1배 분량
*137쪽 1~25까지 참고
초콜릿 봉 1배 분량
*141쪽 참고
달걀물
*중간 크기 달걀 1개에 약간의
소금 첨가

도구

철판에 유산지 깔아서 준비

뺑오쇼콜라 만들기

1 냉장고에 보관한 크로와상 반죽을 꺼내 15×48 cm의 직사각형 모양으로 민다.

2 반죽을 15×6 cm 크기의 직사각형 8개로 자른다. (B)

3 미리 만들어둔 초콜릿 봉을 6 cm 길이로 잘라 16개를 준비한다. 나머지 초콜릿 봉은 냉동 보관했다가 다음에 사용한다.

4 자른 초콜릿 봉 1개를 직사각형 반죽의 아랫부분에 놓는다.

5 반죽이 초콜릿 봉을 감싸듯 접어 반죽의 1/4지점까지 말아 올린다.

6 다시 초콜릿 봉 1개를 올리고 끝까지 말아 올린다. (C)

7 반죽의 말린 끝부분이 아랫방향으로 향하게 한 후 손으로 가볍게 누른다.

8 위의 과정을 반복하여 뺑오쇼콜라 반죽 8개를 만든다.

9 반죽을 철판 위에 간격을 띄워 놓는다.

10 반죽에서 접힌 부분들이 살짝 벌어질 때까지 발효시킨다.

11 굽기 약 20분 전에 오븐의 아랫부분에 로스팅팬을 넣고, 오븐을 240℃로 예열한다. 빵에 수분을 제공할 물 1컵도 따로 준비한다.

12 굽기 전에 반죽 표면에 브러시로 달걀물을 바른다. (D)

13 예열된 오븐에 반죽을 넣고, 예열된 로스팅팬에 물을 부어 온도를 220℃로 낮춘다.

14 약 12~15분간 황갈색이 날 때까지 굽는다. 굽는 동안 크로와상에 넣은 버터가 녹아 나올 수 있는데, 이는 상온에서 식힐 때 다 흡수된다.

15 먹기 전에 뺑오쇼콜라를 식힘망에 올려 식힌다.

A   B   C

빵오레젱
P A I N S   A U X   R A I S I N S

주말에 손님들을 집에 초대할 때 이 특색 있는 빵오레젱을 만들어 대접해보길 추천한다. 토스트나 가게에서 산 머핀보다 직접 만든 이 크로와상을 맛본 손님들은 특별한 초대를 받았다고 느낄 것이다.

재료(19개 기준)

크로와상 반죽 1배 분량
*137쪽 1~25까지 참고
건포도 150 g(1컵)
글레이즈용 살구잼
글레이즈용 아이싱 슈거(선택
사항)

커스터드

중력분 20 g(2 1/2 T)
옥수수전분 10 g(4 t)
우유 250 g(250 mL, 1컵)
큰 달걀 1개
설탕 50 g(1/4컵)
바닐라엑기스 1 t

도구

철판 2개에 유산지 깔아서
준비

커스터드 만들기

1 작은 볼에 밀가루, 옥수수전분, 준비된 우유의 1/4을 넣고 거품기로 매끄러운 상태가 될 때까지 섞어준다.

2 달걀을 풀어서 1에 넣는다.

3 냄비에 남은 우유, 설탕, 바닐라엑기스를 넣고 설탕이 다 녹을 때까지 끓인다.

4 냄비가 끓으면 2를 넣고 거품기로 힘차게 섞는다.

5 걸쭉해질 때까지 약 2분간 거품기로 계속 저어준다.

6 불을 끄고 커스터드를 볼에 담는다.

7 커스터드 표면에 얇은 막이 생성되지 않도록 랩(또는 비닐)로 덮는다.

8 냉장고에 넣어 차갑게 식힌다.

9 약 24시간 동안 냉장고에 보관한다.

빵오레젱 만들기

1 냉장고에 보관한 크로와상 반죽을 꺼내 24×38 cm의 직사각형 모양으로 민다. (A)

2 반죽에 커스터드를 숟가락 뒷면으로 바른다. 커스타드 여유분을 남겨 두도록 한다. (B)

3 건포도를 커스터드 위에 고루 뿌린다.

4 사진처럼 반죽을 긴 통나무 모양으로 말아준다. (C)

5 반죽의 겉면을 랩(또는 비닐)으로 감싼 후 냉장고에 30분간 둔다.

6 반죽을 냉장고에서 꺼내 랩(또는 비닐)을 벗기고 약 2 cm 두께로 자른다. 19개 정도의 반죽이 나온다. (D)

7 반죽을 철판에 간격을 띄워 놓는다. 구울 때 모양이 틀어지지 않게 반죽 끝부분을 말아 올린 방향으로 밀어 넣어준다.

D

E

F

G

8 반죽에서 접힌 부분들이 살짝 벌어질 때까지 발효시킨다. (E)

9 오븐의 아랫부분에 로스팅팬을 넣고, 오븐을 240℃로 예열한다. 빵에 수분을 제공할 물 1컵도 따로 준비한다.

10 예열된 오븐에 반죽을 넣고, 예열된 로스팅팬에 물을 부어 온도를 220℃로 낮춘다.

11 약 12~15분간 황갈색이 날 때까지 굽는다. 건포도가 타는 듯 하면 온도를 약간 낮춘다. 굽는 동안 반죽에 넣은 버터가 녹아 나올 수 있는데, 이는 상온에서 식힐 때 다 흡수된다.

12 완성된 빵을 식히는 동안 냄비에 살구잼을 데운다.

13 따뜻한 빵 표면에 따뜻한 살구잼을 브러시로 바른다. (F)

14 아이싱을 만들기 위해 아이싱 슈거를 찬물에 푼다. 부드럽게 흐르는 상태가 될 때까지 물을 넣으며 저어준다.

15 빵이 충분히 식었을 때 빵 위에 아이싱을 조금씩 뿌린다. (G)

A

B

C

D

코펜하겐
C O P E N H A G E N S

제빵 견습생 시절에 덴마크식 페이스트리인 코펜하겐을 만들곤 하였다. 이 빵은 달콤하고 과일 맛이 풍부한 페이스트리 빵에 첨가된 아몬드는 맛의 완성도를 높여준다. 이 빵을 만들면서 페이스트리 분야에 좀 더 깊은 관심을 갖게 되었다. 반죽 접기 과정이 난해하지만 인내심을 가지고 사진을 따라 꾸준히 연습하다 보면 훌륭한 제품을 만들 수 있을 것이다.

재료(11개)

크로와상 반죽 1배 분량
*137쪽 1~25까지 참고
글레이즈용 살구잼 50 g(1/4컵)
골든 레이즌/설타나 100 g
(3/4컵)
글레이즈용 아이싱 슈거(선택 사항)
토핑용 구운 아몬드

마지팬 필링

마지팬 50 g
상온에 둔 버터 50 g(3 T)
*가염 또는 무염
정백당 25 g(2 T)
중간 크기 달걀 1개
중력분 50 g(1/3컵과 1 T)

도구

철판 2개에 유산지 깔아서 준비

마지팬 필링 만들기

1 작은 볼에 마지팬, 버터, 설탕을 넣는다.

2 나무주걱 또는 거품기로 크림 느낌이 날 때까지 섞는다.

3 달걀을 2에 넣고 잘 섞는다.

4 밀가루를 3에 넣고 잘 섞는다.

5 걸쭉한 반죽이 될 때까지 섞는다.

6 완성된 마지팬 필링은 바로 사용하도록 한다. 그렇지 않을 경우 랩을 씌워 냉장 보관한다. 사용할 경우에는 미리 상온에 꺼내둔다.

코펜하겐 만들기

1 냉장고에 보관한 크로와상 반죽을 꺼내 28×38 cm의 직사각형 모양으로 민다.

2 반죽에 살구잼을 숟가락 뒷면으로 바른다. (A)

3 상온에 둔 마지팬 필링을 살구잼을 바른 위에 숟가락 뒷면으로 바른다. 반죽의 가장자리 부분은 반죽을 접을 때 필링이 빠져나올 수 있으므로 바르지 않는다. (B)

4 골든 레이즌을 반죽의 반쪽 위에 골고루 뿌린다. (C)

5 골든 레이즌을 바르지 않은 반죽을 들

어 골든 레이즌이 있는 쪽으로 반 접는다.

6 접은 반죽을 손으로 가볍게 누른다.

7 접은 반죽을 3.5 cm 너비로 자른다. (D)

8 자른 반죽을 하나 떼어서 길이를 살짝 늘인다. (E)

9 오른쪽 사진을 참고하여 코펜하겐 접기를 한다. 반죽을 살짝 늘여가며 모양을 낸다. (F)(G)(H)(I)(J)

10 사진처럼 둥글게 접은 반죽 사이에 구멍이 보이지 않게 만든다. 충분한 연습을 통해 테크닉을 익힐 수 있다. (K)

11 반죽을 철판에 간격을 띄워 놓는다. 구울 때 모양이 틀어지지 않게 반죽 끝부분을 말아 올린 방향으로 밀어 넣어준다.

12 반죽에서 접힌 부분들이 살짝 벌어질 때까지 발효시킨다. (L)

13 오븐의 아랫부분에 로스팅팬을 넣고, 오븐을 240℃로 예열한다. 빵에 수분을 제공할 물 1컵도 따로 준비한다.

14 예열된 오븐에 반죽을 넣고, 예열된 로스팅팬에 물을 부어 온도를 220℃로 낮춘다.

🥄 마지팬 만드는 방법 ·· ···• 임태언 셰프의 tip

재료	레시피
아몬드가루 100 g	1 아몬드가루와 슈가파우더를 체에 친다.
슈가파우더 100 g	2 1에 달걀흰자와 물을 넣고 손으로 조물조물한다.
달걀흰자 18 g	3 랩핑 후 냉장 보관한다.
물 10 g	* 사용 1~2시간 전에 냉장고에서 빼두어야 한다.

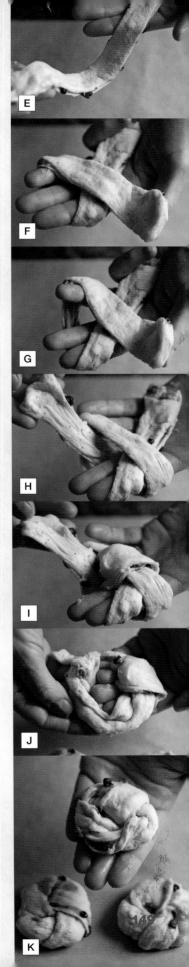

149

15 약 12~15분간 황갈색이 날 때까지 굽는다. 굽는 동안 반죽에 넣은 버터가 녹아 나올 수 있는데, 이는 상온에서 식힐 때 다 흡수된다.

16 완성된 빵을 식히는 동안 냄비에 살구잼을 데운다.

17 따뜻한 빵 표면에 따뜻한 살구잼을 브러시로 바른다. (M)

18 아이싱을 만들기 위해 아이싱 슈거를 찬물에 푼다. 부드럽게 흐르는 상태가 될 때까지 물을 넣으며 저어준다.

19 빵 위에 아이싱을 브러시로 바른다. 아이싱은 접힌 부분이나 틈에 잘 스며들 것이다. (N)

20 준비한 아몬드를 뿌린다. (O)

21 잼과 아이싱은 대접하기 전에 바른다.

L

M

N

A   B   C   D

브리오슈

B R I O C H E

브리오슈는 앞서 소개한 크로와상처럼 프랑스식 전통 빵의 한 종류이다. 잘 만들어진 브리오슈는 굉장히 호화스러운 맛을 낸다. 절묘하게 달콤한 이 빵은 달걀과 버터로 풍부한 식감을 가지며, 초콜릿 스프레드와 함께 먹어도 좋다.

재료(작은 크기 1개)

강력분 250 g (2컵)
소금 4 g (3/4t)
설탕 30 g (2T와 1t)
생이스트 20 g 또는 드라이이스트 10 g (1T)
따뜻한 우유 60 g (60 mL, 1/4컵)
중간 크기 달걀 2개
상온에 둔 버터 100 g (6 1/2 T)
*가염 또는 무염
달걀물
*중간 크기 달걀 1개에 약간의 소금 첨가

도구

식빵틀(500 g)에 버터 발라 준비

1 작은 볼에 밀가루, 소금, 설탕을 섞는다.

2 큰 볼에 계량한 이스트와 따뜻한 우유를 넣고 이스트가 녹을 때까지 섞는다.

3 달걀을 풀어서 2에 넣는다. (A)

4 1을 3에 넣는다. (B)

5 손으로 고루 섞어 반죽한다. (C)

6 끈적끈적한 반죽의 형태로 만든다. (D)

7 반죽이 담긴 볼을 작은 볼로 덮는다.

8 10분간 그냥 둔다.

9 10분 뒤에 87쪽의 5처럼 반죽한다.

10 다시 반죽을 덮어 10분간 둔다.

11 9와 10을 반복한다.

12 버터를 작게 잘라 반죽에 섞는다. (E)

13 반죽을 눌러 버터가 반죽 속에 녹아들게 한다. 반죽이 담긴 볼을 덮어 10분간 발효시킨다.

14 다시 반죽 누르기를 하여 버터가 반죽 속에 완전히 섞이게 한다. (F)

15 반죽을 덮어 냉장고에서 1시간 발효시킨다. (G)

16 반죽을 눌러 가스를 빼낸다.

17 깨끗한 작업대 위에 덧가루를 뿌리고 반죽을 놓는다.

18 반죽을 스크레이퍼로 3등분다. (H)

19 각각의 반죽을 매끄러운 공 모양으로 둥글린다. (I)

20 식빵틀에 공 모양의 반죽을 담는다. (J)

21 반죽이 2배로 부풀 때까지 큰 볼로 약 30~45분간 덮어둔다.

22 굽기 약 20분 전에 오븐의 아랫부분에 로스팅팬을 넣고, 오븐을 200℃로 예열한다. 빵에 수분을 제공할 물 1컵도 따로 준비한다.

23 반죽이 2배로 부풀었으면 브러시로 달걀물을 바른다. (K)

24 주방용 가위로 브리오슈 각 덩어리의 윗면을 살짝 자른다. (L)

25 예열된 오븐에 반죽을 넣고, 예열된 로스팅팬에 물을 붓는다.

26 약 20분간 황갈색이 날 때까지 굽는다.

27 빵이 제대로 구워졌는지 알아보기 위해 빵의 뒷면을 톡톡 두드려 빈 소리가 나는지 확인한다. 다 구운 빵은 식힘망에 올려 식힌다.

E

F

G

H

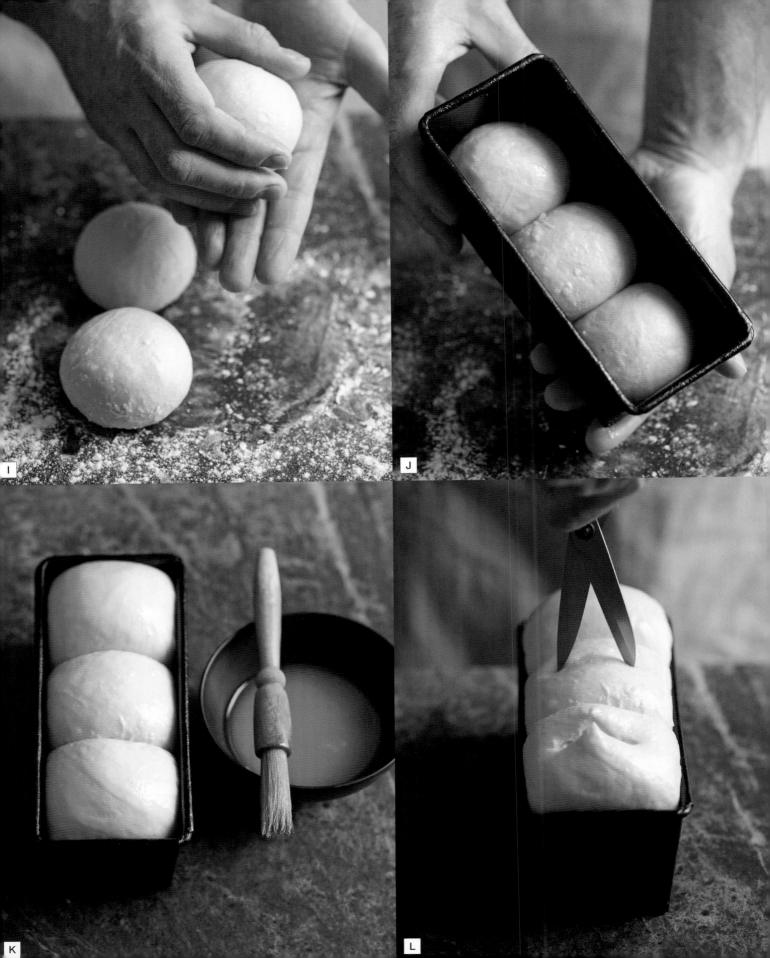

A   B   C   D   E

시나몬롤

C I N N A M O N R O L L S

시나몬롤은 모닝커피와 함께 곁들여 먹으면 금상첨화이다. 이 레시피에서는 빵의 촉촉함을 유지하기 위해 케이크팬을 이용하여 한 덩어리의 시나몬롤빵을 만들어 보았다. 시나몬과 곁들여 먹는 커피의 맛은 천상의 궁합일 것이다.

재료(13개 기준)

생이스트 5g 또는 드라이이스트 3g(1t)
설탕 20g(2 1/2 T), 토핑용 약간
따뜻한 물 70g(70 mL, 5 T)
강력분 100g(3/4컵)
강력분 100g(3/4컵)
소금 1g(1/4t)
시나몬가루 1t, 토핑용 약간
중간 크기 달걀 1개
상온에 둔 버터 40g(2 1/2 T)
브러시용 녹인 버터 약간
*가염 또는 무염
달걀물
*중간 크기 달걀 1개에 약간의 소금 첨가
덧가루용 아이싱 슈거

도구

케이크팬(23cm)에 오일과 덧가루를 가볍게 발라 준비

1 큰 볼에 계량한 이스트, 설탕, 따뜻한 물을 넣고 이스트와 설탕이 녹을 때까지 섞는다. 밀가루(100g)를 넣고 나무주걱으로 고루 섞는다(밑반죽).

2 볼을 덮어 반죽이 2배가 될 때까지 따뜻한 곳에서 약 1시간 발효시킨다.

3 밑반죽이 발효될 동안 작은 볼에 밀가루(100g), 소금, 시나몬가루를 섞는다.

4 밑반죽이 2배로 발효되었으면 3과 달걀 푼 것을 넣어 반죽한다.

5 4에 버터를 넣고 고루 섞는다.

6 반죽이 담긴 볼을 작은 볼로 덮어 10분간 둔다.

7 10분 뒤에 87쪽의 5처럼 반죽한다.

8 다시 반죽을 덮어 10분간 둔다.

9 7과 8을 두 번 반복한 후 다시 7을 한 번 더 한다.

10 반죽이 담긴 볼을 덮어 1시간 동안 발효시킨다.

11 반죽이 2배로 부풀었으면 주먹으로 눌러 가스를 빼낸다.

12 깨끗한 작업대 위에 덧가루를 뿌리고 반죽을 놓는다.

13 반죽이 3mm 두께의 직사각형이 될 때까지 손끝으로 눌러 평평하게 만든다. (A)

14 브러시로 달걀물을 반죽 위에 고루 바른다. (B)

15 달걀물을 바른 반죽 위에 설탕과 시나몬가루를 원하는 만큼 뿌린다.

16 사진처럼 반죽을 긴 통나무 모양으로 말아준다. (C)

17 반죽을 2cm의 두께로 자르면 13조각 정도 나온다. (D)

18 반죽의 자른 단면을 위로 하여 케이크팬이 꽉 차게 담는다.

19 케이크팬을 큰 볼로 덮어 약 2배로 부풀 때까지 발효시킨다. (E)

20 굽기 약 20분 전에 오븐의 아랫부분에 로스팅팬을 넣고, 오븐을 200℃로 예열한다. 빵에 수분을 제공할 물 1컵도 따로 준비한다.

21 예열된 오븐에 반죽을 넣고, 예열된 로스팅팬에 물을 부어 온도를 180℃로 낮춘다.

22 약 10~15분간 황갈색이 날 때까지 굽는다.

23 완성된 빵을 식힘망에 올려 식힌다.

24 따뜻할 때 녹인 버터를 브러시로 바르고 아이싱 슈거와 시나몬가루를 뿌린다.

A   B   C

핫 크로스 번
HOT CROSS BUNS

핫 크로스 번은 영국에서 부활절에 먹는 빵이다. 보통 부활절이 시작되기 오래전부터 만드는데, 절기와 상관없이 좋아한다면 언제든 만들어 먹을 수 있다. 이 빵은 반으로 잘라 구운 뒤 녹인 버터를 뿌려 먹으면 더 맛있다.

재료(15개 기준)

토핑용 크로스

물 90 g(90 mL, 1/3컵)
식물성 오일 40 g(40 mL, 3 T)
중력분 75 g(2/3컵)
소금 2 g(1/2 t)

글레이즈

물 250 g(250 mL, 1컵)
설탕 150 g(3/4컵)
왁스칠하지 않은 오렌지 1/2개의 4조각
왁스칠하지 않은 레몬 1/2개의 2조각
시나몬 스틱 2개
정향 5개
팔각 3개

빵 반죽

생이스트 10 g 또는 드라이이스트
5 g(11/2 t)

설탕 40 g(3 T)
따뜻한 물 200 g(200 mL, 3/4컵)
중력분 200 g(13/4컵)
골든 레이즌/설타나 150 g(1컵)
커런트 150 g(1컵)
생강가루 1 t
시나몬가루 1 t
정향가루 1/4 t
왁스칠하지 않은 오렌지 2개의 제스트
왁스칠하지 않은 레몬 3개의 제스트
강력분 200 g(13/4컵)
소금 2 g(1/2 t)
상온에 둔 버터 90 g(6 T)
*가염 또는 무염
큰 달걀 1개

도구

절판에 유산지를 깔아서 준비
짤주머니와 작은 둥근 깍지

토핑용 크로스 만들기

1 계량컵에 물과 식물성오일을 섞는다.

2 작은 볼에 밀가루와 소금을 섞는다. (A)

3 1을 2에 넣고 나무주걱으로 부드럽고 매끄러운 반죽이 될 때까지 섞는다. (B)

4 반죽이 담긴 볼을 랩을 씌워 서늘한 곳에 둔다.

글레이즈 만들기

1 냄비에 물, 설탕, 오렌지, 레몬, 시나몬 스틱, 정향, 팔각을 넣고 끓인다.

2 시럽이 끓으면 불을 끄고 재료들이 맛이 우러나오도록 서늘한 곳에 둔다. (C)

3 글레이즈는 하루 전에 만들어 냉장 보관했다가 사용하도록 한다.

E

F

반죽 만들기

1 큰 볼에 계량한 이스트, 설탕, 따뜻한 물을 넣고 이스트와 설탕이 녹을 때까지 섞는다. 밀가루를 넣고 나무주걱으로 고루 섞는다(밑반죽). (D)(E)

2 반죽이 담길 볼을 작은 볼로 덮어 30분간 반죽이 2배가 될 때까지 따뜻한 곳에서 발효시킨다. (F)

3 밑반죽이 발효될 동안 작은 볼에 골든 레이즌, 커런트, 스파이스(생강가루, 시나몬가루, 정향가루), 제스트 믹스를 고루 섞는다. (G)

4 다른 작은 볼에 강력분과 소금을 섞는다.

5 4에 작은 버터 조각을 넣고 손끝으로 문질러 버터 덩어리가 없게 만든다. (H)(I)

6 30분 후에 발효된 밑반죽이 상당히 부푼 것을 확인할 수 있다.

7 달걀과 밑반죽을 5에 넣고 손으로 반죽한다. (J)(K)

G

N

O

P

Q

8 반죽이 담긴 볼을 덮어 10분간 둔다.

9 10분 뒤에 87쪽의 5처럼 반죽한다.

10 다시 반죽을 덮어 10분간 둔다.

11 9와 10을 세 번 반복한다.

12 반죽에 3을 넣고 잘 섞는다. (L)

13 반죽이 담긴 볼을 덮어 30분간 발효시킨다.

14 반죽이 발효되었으면 경우에 따라서는 냉장고에 넣어뒀다가 다음날 만들 수도 있다. 이 경우에는 반죽을 상온에서 약 15분간 뒀다가 사용하도록 한다.

15 깨끗한 작업대 위에 덧가루를 뿌린다.

16 반죽을 작업대 위에 올린다.

17 반죽을 스크레이퍼로 15등분한다. (N)

18 각각의 반죽 무게가 70 g이 되도록 한다. 각각의 반죽이 같은 무게가 될 때까지 최대한 반죽 떼어 붙이기를 계속한다. (O)

19 각각의 반죽 덩어리를 손 사이에서 둥글게 동글린다. 철판에 약간의 간격을 두며 줄을 맞춰 반죽을 모두 놓는다. (P)

20 반죽들을 덮어 발효시킨다. (Q)

21 굽기 약 20분 전에 오븐의 아랫부분에 로스팅팬을 넣고, 오븐을 220℃로 예열한다. 빵에 수분을 제공할 물 1컵도 따로 준비한다.

22 짤주머니에 크로스믹스를 담고 반죽 위에 십자가 모양으로 라인을 그린다. (R)

23 예열된 오븐에 반죽을 넣고, 예열된 로스팅팬에 물을 부어 온도를 180℃로 낮춘다.

24 10~15분간 황갈색이 날 때까지 굽는다.

25 오븐에서 꺼내 빵 위에 브러시로 글레이즈를 바른다. (S)

26 식힘망에 올려 식힌다.

마지팬 슈톨렌
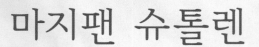
M A R Z I P A N   S T O L L E N

크리스마스 때 독일에서는 마지팬이 빵 가운데 들어간 슈톨렌을 먹는다. 이 책에 소개되는 레시피는 브록웰 베이크와 매년 영국에서 열리는 최고의 맛 시상에서 금메달을 수상 받은 레시피이다. 더불어 독일 뭉스테르의 제빵권위기술자에게 이 마지팬 슈톨렌 만드는 법을 전수받았기에 자신 있게 이 정통 독일 빵을 소개한다.

A   B   C   D

재료(중간 크기 1개)

토핑용

마지팬 100 g
바닐라 슈거 약간
아이싱 슈거 약간

후르츠 믹스

골든 레이즌/설타나 60 g(1/2컵)
구운 아몬드 15 g(2T)
설탕 입혀 다진 건조과일 15 g(1T)
오렌지 1개 분량의 주스와 제스트
레몬 1개 분량의 주스와 제스트
럼주 15 g(15 mL, 1T)

빵 반죽

생이스트 10 g 또는 드라이이스트
5 g(11/2t)
따뜻한 우유 20 g(20 mL, 4t)
강력분 20 g(21/2T)

상온에 둔 버터 50 g(3T와 1t)
*가염 또는 무염
설탕 20 g(2T)
소금 1 g(1/4t)
카다몬가루 1 g(1/4t)
바닐라엑기스 1/4t
중간 크기 달걀 1개
강력분 150 g(11/4컵)
녹인 버터 150 g(10T)
*가염 또는 무염

글레이즈

살구잼 30 g(1/4컵)
버터 45 g(3T)
*가염 또는 무염
설탕 30 g(2T)
우유 1T

도구

철판에 유산지를 깔아서 준비

후르츠 믹스 만들기(1주 전에 만들어서 준비)

1 큰 볼에 모든 재료를 담아 섞는다.

2 볼을 랩으로 덮어 서늘한 곳에서 약 1주간 숙성한다. 재료들의 맛이 서로 어우러지면서 흡수되었을 때 사용한다.

반죽 만들기

1 큰 볼에 이스트와 우유를 넣고 이스트가 녹을 때까지 섞는다. (A)

2 밀가루(20 g)를 넣고 나무주걱으로 섞는다(밑반죽). (B)

3 볼을 덮어 반죽이 2배로 부풀 때까지 약 30분간 따뜻한 곳에서 발효시킨다.

4 밑반죽이 발효될 동안 작은 볼에 버터(50 g), 설탕, 소금, 카다몬가루, 바닐라엑기스를 거품기로 부드러운 상태가 될 때까지 섞는다. (C)

5 4에 달걀을 조금씩 넣으면서 거품기로 섞는다. (D)

6 반죽이 잘 뭉쳐지지 않으면 밀가루 1t(150 g의 밀가루 중)를 넣으며 섞는다.

7 밀가루 1T(150 g의 밀가루 중)를 후르츠 믹스에 넣어 습기를 흡수하도록 섞는다.

8 밑반죽이 발효되었으면 4를 넣고 섞는다.

9 150 g에서 남은 밀가루를 8에 넣고 함께 섞는다.

10 반죽이 담긴 볼을 덮어 약 10분간 둔다.

11 10분 뒤에 87쪽의 5처럼 반죽한다.

12 다시 반죽을 덮어 10분간 둔다.

13 11과 12를 세 번 반복한다. (E)

14 미리 준비한 후르츠 믹스를 반죽에 넣어 고루 섞는다.

15 반죽을 덮어 2배로 부풀 때까지 약 1시간 발효시킨다. (F)

16 깨끗한 작업대 위에 덧가루를 뿌린다.

17 반죽을 눌러 가스를 빼내고 작업대 위에 올린다.

18 반죽을 공 모양으로 만들어 약 5분간 둔다.

19 반죽이 발효될 동안 마지팬을 작은 소시지 모양으로 만든다.

20 밀대에 반죽이 붙지 않게 덧가루를 뿌리고, 반죽을 사각모양으로 민다. (G)

21 소시지 모양의 마지팬을 반죽 가운데에에 올린다. (H)

22 반죽의 양쪽 끝부분을 잡아당겨 마지팬을 덮는다. (I)

23 마지팬을 완전히 감싸도록 사진처럼 반죽을 접는다. (J)

24 반대쪽도 같은 방법으로 접는다. (K)

25 반죽의 접합 부분을 아래쪽으로 향하게 놓고 손으로 마지팬이 반죽 가운데에 오도록 양손으로 모양을 잡는다. (L)

26 반죽을 철판 위에 놓고 덮어 2배로 부풀 때까지 약 30분간 따뜻한 곳에서 발효시킨다. (M)

27 굽기 약 20분 전에 오븐의 아랫부분에 로스팅팬을 넣고, 오븐을 200℃로 예열한다. 빵에 수분을 제공할 물 1컵도 따로 준비한다.

28 예열된 오븐에 반죽을 넣고, 예열된 로스팅팬에 물을 부어 온도를 180℃로 낮춘다.

29 약 20분간 황갈색이 날 때까지 굽는다.

30 빵이 제대로 구워졌는지 알아보기 위해 빵의 뒷면을 톡톡 두드려 빈 소리가 나는지를 확인한다. 더 구워야 하면 오븐에 넣어 몇 분 더 굽는다.

31 철판에 들러붙어 탄 골든 레이즌을 빵 모양이 흐트러지 않게 톱날칼로 조심히 긁어낸다.

32 슈톨렌 표면에 따뜻한 녹인 버터를 브러시로 발라 충분히 스며들게 한 후 두 번 이상 반복한다. (N)

33 식힘망에 올려 식힌다.

글레이즈 만들기와 슈톨렌 마무리하기

1 모든 글레이즈 재료를 냄비에 넣고 끓인다.

2 글레이즈를 식힌 슈톨렌 전체에 고루 바른다.

3 바닐라슈거를 담은 쟁반에 글레이즈한 슈톨렌를 놓고 바닐라슈거를 슈톨렌 전체에 고루 뿌린다. (O)

4 아이싱 슈거를 뿌려 마무리한다. (P)

양귀비씨 슈톨렌
P O P P Y S E E D   S T O L L E N

마지팬 슈톨렌만큼 양귀비씨 슈톨렌 또한 그 맛의 가치가 돋보인다. 양귀비씨앗은 만드는 과정에서 점성을 보이며 빵의 가운데에서 아름다운 패턴모양을 형성한다. 크리스마스 식탁에서 아름다움을 더할 것이다.

토핑용 재료

바닐라 슈거 약간
아이싱 슈거 약간

양귀비씨 필링 재료

양귀비씨 100 g (6 T)
녹인 버터 30 g (2 T)
꿀 2 T
중간 크기 달걀 1개
골든 레이즌/설타나 50 g (4 T)
세몰리나 50 g (1/4컵)
설탕 20 g (2 t)

반죽 재료

생이스트 10 g 또는 드라이이스트 5 g (11/2 t)
따뜻한 우유 20 g (20 mL, 4 t)
강력분 20 g (21/2 T)
상온에 둔 버터 50 g (3 T와 1 t)
*가염 또는 무염
설탕 20 g (2 T)
소금 1 g (1/4 t)
카다몬가루 1 g (1/4 t)
바닐라엑기스 1/4 t
중간 크기 달걀 1개
강력분 150 g (11/4컵)
녹인 버터 100 g (61/2 T)
*가염 또는 무염

글레이즈 재료

살구잼 30 g (1/4컵)
버터 45 g (3 T)
*가염 또는 무염
설탕 30 g (2 T)
우유 1 T

도구

식빵틀 (900 g)에 식물성 오일을 발라서 준비

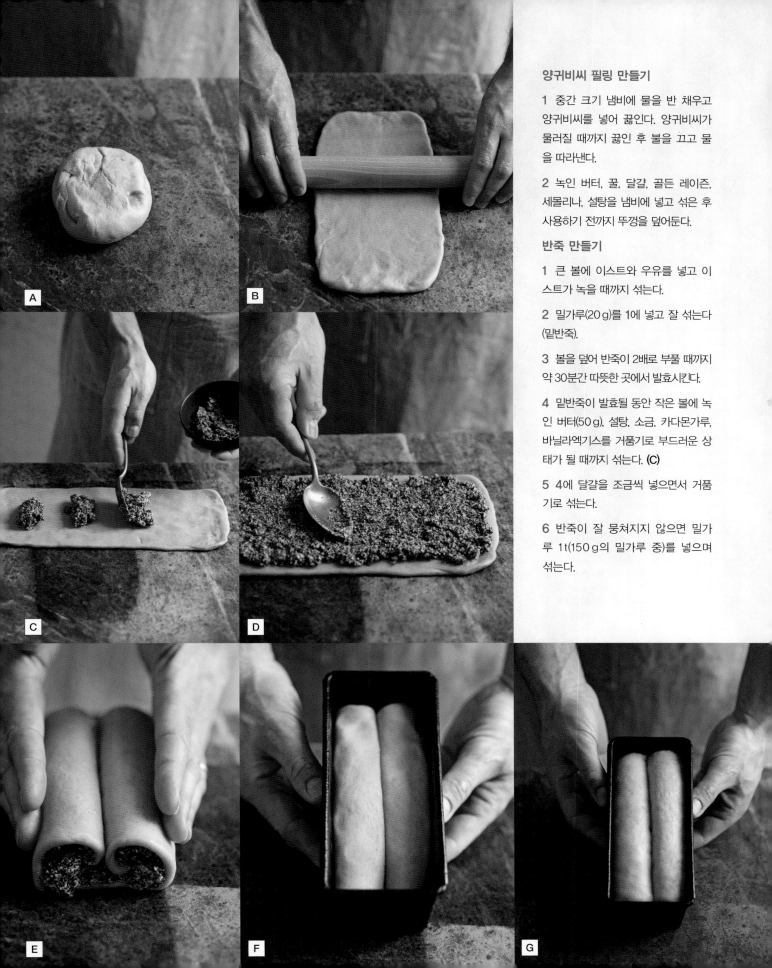

B

C

D

E

F

G

양귀비씨 필링 만들기

1 중간 크기 냄비에 물을 반 채우고 양귀비씨를 넣어 끓인다. 양귀비씨가 물러질 때까지 끓인 후 불을 끄고 물을 따라낸다.

2 녹인 버터, 꿀, 달걀, 골든 레이즌, 세몰리나, 설탕을 냄비에 넣고 섞은 후 사용하기 전까지 뚜껑을 덮어둔다.

반죽 만들기

1 큰 볼에 이스트와 우유를 넣고 이스트가 녹을 때까지 섞는다.

2 밀가루(20 g)를 1에 넣고 잘 섞는다 (밑반죽).

3 볼을 덮어 반죽이 2배로 부풀 때까지 약 30분간 따뜻한 곳에서 발효시킨다.

4 밑반죽이 발효될 동안 작은 볼에 녹인 버터(50 g), 설탕, 소금, 카다몬가루, 바닐라엑기스를 거품기로 부드러운 상태가 될 때까지 섞는다. (C)

5 4에 달걀을 조금씩 넣으면서 거품기로 섞는다.

6 반죽이 잘 뭉쳐지지 않으면 밀가루 1t(150 g의 밀가루 중)를 넣으며 섞는다.

H

I

7 밑반죽이 발효되었으면 4를 넣고 섞은 후 150 g에서 남은 밀가루를 넣고 함께 섞는다. 반죽이 담긴 볼을 덮어 10분간 둔다.

8 10분 뒤에 87쪽의 5처럼 반죽한다.

9 다시 반죽을 덮어 10분간 둔다.

10 8과 9를 두 번 반복한 후 다시 8을 한 번 더 한다.

11 반죽이 담긴 볼을 덮어 2배로 부풀 때까지 1시간 발효시킨다.

12 반죽을 눌러 가스를 빼내고 작업대 위에 올린다. 반죽을 공 모양으로 만들고 5분간 둔다.

13 반죽을 21×37cm의 직사각형 모양이 되도록 밀대로 민다. 식빵틀 크기보다 크지 않도록 주의한다. (B)

14 준비한 양귀비씨 필링을 반죽 위에 떠놓고 숟가락 뒷면으로 고르게 바른다. (C)(D)

15 반죽의 짧은 면을 가운데로 말고, 반대방향도 같은 방법으로 말아 바람개비 모양을 만든다. (E)

16 모양이 흐트러지지 않게 식빵틀에 담는다. (F)

17 겉면을 덮고 약 2배로 부풀 때까지 따뜻한 곳에서 30분간 발효시킨다. (G)

18 굽기 약 20분 전에 오븐의 아랫부분에 로스팅팬을 넣고, 오븐을 200℃로 예열한다. 빵에 수분을 제공할 물 1컵도 따로 준비한다.

19 예열된 오븐에 반죽을 넣고, 예열된 로스팅팬에 물을 부어 온도를 180℃로 낮춘다.

20 약 20분간 황갈색이 날 때까지 굽는다. (H)

21 빵이 제대로 구워졌는지 알아보기 위해 빵의 뒷면을 톡톡 두드려 빈 소리가 나는지를 확인한다. 더 구워야 하면 오븐에 넣어 몇 분 더 굽는다.

22 빵을 오븐에서 꺼내 따뜻한 녹인 버터를 브러시로 발라 충분히 스며들게 한 후 두 번 이상 반복한다.

23 식힘망에 올려 식힌다.

글레이즈 만들기와 슈톨렌 덧칠하기

1 모든 글레이즈 재료를 냄비에 넣고 끓인다.

2 글레이즈를 식힌 슈톨렌 전체에 고루 바른다.

3 바닐라슈거를 담은 쟁반에 글레이즈한 슈톨렌를 놓고 바닐라슈거를 슈틀렌 전체에 고루 뿌린다. 아이싱 슈거를 뿌려 마무리한다. (I)

맺음말

이 책을 펼쳐낼 수 있게 도움을 준 모든 이들에게 감사의 말을 전한다. 스티브 페인터와 그의 동반자 누아라는 라이랜드 피터스 앤 스몰 출판사를 추천하여 이 책을 낼 수 있게 큰 도움을 주었다.

이뿐만 아니라 그들의 집을 출판을 위한 빵을 제작할 수 있는 장소로 지원해주었으며 완성된 빵의 사진을 멋지게 찍어주어, 스티브에게 다시 한 번 감사의 말을 전한다.

인내와 이해로 많은 도움을 준 이 책의 편집자 셀린 휴즈에게도 감사의 말을 전달한다. 제품을 만들 수 있게 물심양면으로 협조해 준 현재직 중인 요리기능학교와 2010년도 졸업생들에게도 감사의 말을 전한다.

저지스 베이커리 스태프들에게도 밀가루 재료를 배달받을 수 있게 해준 점 감사하다고 전달하고 싶다. 밀가루재료를 협찬해 준 쉽톤밀의 존 리스터와 크리브 메럼 그리고 도브스 농장의 제스로 메리지에게도 감사의 말을 전한다.

나의 아내 리사와 그녀의 열의와 협조 그리고, 무언가 밝은 기운이 필요할 때 항상 그 자리에 있어준 나의 노아, 그리고 언제나 나에게 귀기울여주고 모든 작업의 순간과 끝까지 용기를 북돋아 준 나의 어머니와 아버지, 형제들에게도 무한한 감사의 말을 전달한다. 마지막으로 장모님 팻에게 감사의 말을 전하며 이 글을 마친다.

SUPPLIERS & STOCKISTS

UK

Fresh yeast can be bought from bakeries and most supermarkets with in-store bakeries.

Shipton Mill
Long Newnton
Tetbury
Gloucestershire GL8 8RP
Te: +44 (0)1666 505050
www.shipton-mill.com
For many, many types of organic flour, milled on site, available to buy online in small or large quantities. Find the wheatgerm and bran mixture here, as used in the Wholegrain Sourdough on page 92. They also stock proofing/dough-rising baskets. Their website is also a good reference for the mechanics of flour and grains.

Doves Farm
Doves Farm Foods Ltd
Salisbury Road
Hungerford
Berkshire RG17 0RF
Tel: +44 (0)1488 684880
www.dovesfarm.co.uk
Like Shipton Mill, Doves Farm supplies many, many types of organic flour, milled on site and available to buy online in small or large quantities, as well as all sorts of other organic products. They stock a large range of proofing/dough-rising baskets in all sizes and shapes

Athenian Grocery
16A Moscow Road
Bayswater
London W2 4BT
Tel: +44 (0)20 7229 6280
For the mahlepi/mahleb (ground black cherry pit) used in the Tsoureki recipe on page 55.

The Spice Shop
1 Blenheim Crescent
London W11 2EE
Tel: +44 (0)207 221 4448
www.thespiceshop.co.uk
For every kind of spice under the sun.

www.brotformen.de
Tel: +49 (0)34 364 522 87
German supplier of proofing/dough-rising baskets in all manner of shapes and sizes.

Bakery Bits
1 Orchard Units, Duchy Road
Honiton
Devon EX14 1YD
Tel: +44 (0)1404 565656
www.bakerybits.co.uk
Online supplier of every kind of tool, utensil and equipment needed to bake bread.

Lakeland
Tel: +44 (0)1539 488100
www.lakeland.co.uk
Stockists of bakeware and cookware, with branches around the UK, as well as an excellent website.

Divertimenti
Tel: +44 (0)870 129 5026
www.divertimenti.co.uk
Cookware stockist, with branches in London and Cambridge, as well as an online store.

Nisbets
Tel: +44 (0)845 140 5555
www.nisbets.co.uk
Enormous range of catering equipment to buy online, including loaf pans and more, plus branches in London and Bristol.

The Traditional Cornmillers Guild
www.tcmg.org.uk
For details of individual mills around the UK.

US

King Arthur Flour
Tel: +1 800 827 6836
www.kingarthurflour.com
America's oldest – and one of the best – flour company. Flours are unbleached and never bromated. Their great selection of flours includes 9-grain flour blend, malted wheat flakes, Irish-style wholemeal flour, French-style flour for baguettes, European-style artisan bread flour, as well as sugar, yeast in bulk, sourdough starters, baking pans, /proofing dough-rising baskets, bread/pizza peels and other bakeware and equipment

Bob's Red Mill
Tel: +1 (503) 654 3215
www.bobsredmill.com
Online supplier of traditional and gluten-free flours, plus grains and seeds.

Hodgson Mill
Tel: +1 800 347 0105
www.hodgsonmill.com
Suppliers of all-natural, whole grains and stoneground products.

Penzeys Spices
Tel: +1 800 741 7787
www.penzeys.com
Suppliers of pink peppercorns, vanilla, cardamom, cinnamon, star anise and more.

Kalustyan's Spices and Sweets
Tel: +1 800 352 2451
www.kalustyans.com
Dried fruits, nuts and spices, including the mahlepi/mahleb (ground black cherry pit) used in the Tsoureki recipe on page 55.

Breadtopia
Tel: +1 800 469 7989
www.breadtopia.com
From dough scrapers to rising baskets, and sourdough starters, this Iowa-based company has every gadget and pan an artisan bread baker could ever want.

La Cuisine – The Cook's Resource
Tel: +1 800 521 1176
www.lacuisineus.com
Fine bakeware including oval and round prroofing/dough-rising baskets, loaf pans in every size and bread/pizza peels.

Crate & Barrel
Tel: +1 630 369 4464
www.crateandbarrel.com
Good stockist of bakeware online and in stores throughout the country.

Sur la table
Tel: +1 800 243 0852
www.surlatable.com
Good stockist of bakeware online and in stores throughout the country.

Williams-Sonoma
Tel: +1 877 812 6235
www.williams-sonoma.com
Good stockist of bakeware online and in stores throughout the country.

INDEX

ㄱ

감자가루 82
감자 사워도우 115
강력분 8
건포도 호밀빵 74
건포도 호밀 소다빵 29
검은 양파 씨앗 65
검은 호밀빵 70
고수 112
곡물가루 8
곡물 식빵 19
글레이즈 159
글레이즈용 아이싱 슈거 145
글루텐 free 빵 81
글루텐 free 옥수수빵 82

ㄴ

나무주걱 14
니젤라씨앗 106

ㄷ

다크 당밀 133
달걀물 55
딩켈 8

ㄹ

랩 14
로스팅팬 13
리넨 13

ㅁ

마더 11
마지판 슈톨렌 164
맥아가루 8
맥주빵 46
메탈 스크레이퍼 13
모닝빵 24
모양내기 15
무화과 116
물 10
밀가루 8

ㅂ

바닐라엑기스 145
박력분 8
반죽과정 14
반죽 띵기 55
발효과정 15
발효바스켓 13
발효용 13
베이글 60
베이킹 스톤 13
볼 14
분할과 성형 14
브레드보드 15
브리오슈 152
비트 109
비트 사워도우 109
빵오레젱 145
빵오쇼콜라 141

ㅅ

사워도우 그리시니 102
사워종 11
살구잼 145
선반 15
세 가지 곡물빵 126
세몰리나 129
세몰리나빵 129
세프 11
셀러리씨앗 106
소금 8
소다빵 26
스파이스 믹스 126
스파이스치즈 허브 사워도우 112
스펠트 가루 78
스펠트 밀가루 8
시나몬가루 156
시나몬롤 156
식빵 19
식빵틀 13
식힘망 15
씨앗 잡곡빵 30

ㅇ

아르마니아식 납작빵 65
아마씨앗 126
아이싱 147
양귀비씨 슈톨렌빵 168
양귀비씨앗 65
오가닉 에일 47
오렌지 제스트 55
오트밀 126
옥수수가루 82
올리브 40
올리브오일 65
올리브 허브빵 40
유산지 13
유청 35
이스트 10

ㅈ

잡곡 해바라기빵 132
제분, 롤러 8
제분, 맷돌 8
제빵과정 15
중력분 8
쨀주머니 141

ㅊ

참깨 씨앗 65
철판 13
체더치즈 112
초콜릿 봉 141
초콜릿 커런트 사워도우 120
츠레키 55
치아바타 34
칠리파우더 112

ㅋ

카다멈가루 55
카뮤 가루 78
카뮤 밀가루 8
카뮤 스펠트 빵 78
캐러웨이 씨앗 122
커런트 118
커스터드 145
컨트리 사워도우 95

ㅋ

케이크팬 82
코펜하겐 149
쿠프나이프 13
크로와상 137

ㅌ

토마토 사워도우 106
토마토 퓨레 106
톱날칼 13
통밀가루 8
통밀 사워도우 92
통밀 식빵 19
통호밀빵 76

ㅍ

파로 8
파이렉스 볼 13
팔각 가루 116
포카치아 37
폴렌타 사워도우 104
풀리쉬 바게트 50
플라스틱 스크레이퍼 13
피자빵 32
피타빵 62

ㅎ

할라 58
핫 크로스 번 159
해바라기씨앗 126
헤이즐넛 커런트 사워도우 118
호두빵 42
호라산 8
호밀가루 8
호밀사워종 70, 126
화이트 사워도우 87
화이트 사워종 99
후르츠 믹스 165
흰유청 사워도우 98

No 001

까또나주 종이상자 DIY

사에키 마키 지음/ 김선영 옮김
96쪽/ 12,000원

No 002

**친절한 재봉틀&바느질
입문 DIY**

미소노 아키코 지음/ 고정아
옮김/ 이영란 감수
139쪽/ 15,000원

No 003

친절한 옷 만들기 입문 DIY

미소노 아키코 지음/ 고정아
옮김
133쪽/ 15,000원

No 601

300kcal 살 빠지는 도시락

박정아 지음
223쪽/ 13,800원

1일 1잔 공복 효소주스

후지이 카에 지음/유가영
옮김
131쪽/12,000원